U0731954

国家重大科技专项"合流制高截污率城市雨污水管网建设、
改造和运行调控关键技术研究与工程示范（2008ZX07317-001-2）"
课题资助

国家"863"重大科技专项
"镇江水环境质量改善与生态修复技术研究及示范（2003AA601100）"
课题资助

江苏省重大示范工程项目
"镇江市北部滨水区水环境建设关键技术研究及工程示范（BE2008615）"
课题资助

《水污染控制技术研究丛书》编委会

主　编
吴春笃

副主编
李明俊　陶明清

委　员
储金宇　赵德安　赵宝康　解清杰
陈志刚　张　波　刘　宏　肖思思
黄勇强　殷晓中　周晓红　依成武
成小锋　张　耘　李耀庭　杨　桦

水 污 染 控 制 技 术 研 究 丛 书

丛书主编 吴春笃

APPLICATION OF URBAN COMBINED SEWER OVERFLOW
POLLUTION CONTROL TECHNOLOGIES

城市合流管网溢流污染
控制技术应用

解清杰 吴春笃 殷晓中 编著

江苏大学出版社
JIANGSU UNIVERSITY PRESS
镇 江

图书在版编目(CIP)数据

城市合流管网溢流污染控制技术应用/解清杰,吴春笃,殷晓中编著. —镇江:江苏大学出版社,2014.12
ISBN 978-7-81130-900-3

Ⅰ. ①城… Ⅱ. ①解… ②吴… ③殷… Ⅲ. ①城市污水－合流污水－管网－污染防治 Ⅳ. ①TU992.21 ②X703

中国版本图书馆 CIP 数据核字(2014)第 310775 号

城市合流管网溢流污染控制技术应用

Chengshi Heliu Guanwang Yiliu Wuran Kongzhi Jishu Yingyong

编　　著/解清杰　吴春笃　殷晓中

责任编辑/吴昌兴　郑晨晖

出版发行/江苏大学出版社

地　　址/江苏省镇江市梦溪园巷 30 号(邮编:212003)

电　　话/0511-84446464(传真)

网　　址/http://press.ujs.edu.cn

排　　版/镇江文苑制版印刷有限责任公司

印　　刷/句容市排印厂

经　　销/江苏省新华书店

开　　本/718 mm×1 000 mm　1/16

印　　张/9.75

字　　数/210 千字

版　　次/2014 年 12 月第 1 版　2014 年 12 月第 1 次印刷

书　　号/ISBN 978-7-81130-900-3

定　　价/30.00 元

如有印装质量问题请与本社营销部联系(电话:0511-84440882)

序

　　1973 年第一次全国环保大会的召开,标志着中国人环保意识的觉醒。1983 年,第二次全国环保会议将环境保护确定为基本国策。1989 年,中国颁布施行第一部《中华人民共和国环境保护法》。然而,令人痛心的是,这些年随着我国推行的大规模、全方位的工业化和城市化进程以及粗放型的经济发展模式对生态环境造成了极大的破坏,重大水体污染和大气污染事件时有发生,环境污染和生态破坏已成为制约地区经济发展、影响改革开放和社会稳定以及威胁人民健康的重要因素。

　　针对我国水体污染的现实问题,国家先后启动了太湖污染治理、滇池污染治理等专项工程。2002 年,"863"计划设立了"水污染控制技术与治理工程"科技重大专项,在全国范围内选择 11 个城市作为科技攻关和示范工程实施城市。该专项简称"城市水专项",是国家科技领导小组确立的国家"十五"期间 12 个重大科技专项之一。从此,我国开始了新一轮的水体污染控制与环境改善的研究示范工作。2006 年,国家又设立了"水体污染控制与治理"科技重大专项(以下简称"水专项"),并连续执行 3 个五年计划。这是为实现我国社会经济又好又快发展,调整经济结构,转变经济增长方式,缓解我国能源、资源和环境的瓶颈制约,根据《国家中长期科学和技术发展规划纲要(2006—2020 年)》设立的 16 个重大科技专项之一。该专项旨在为中国水体污染控制与治理提供强有力的科技支撑,运用科技手段破解中国水环境治理难题,实现水污染防治关键技术的创新。

　　水专项核心主题之一即城市水污染控制与水环境综合整治关键技术研究与示范。该主题通过识别我国城市水污染的时空特征和变化规律,建立不同使用功能的城市水环境和水排放标准及安全准则,在国家水环境保护重点流域,选择若干在我国社会经济发展中具有重要战略地位、不同经济发展阶段与特点、不同污染成因与特征的城市与城市集群,以削减城市整体水污染负荷和保障城市水环境质量与安全为核心目标,重点攻克城市和工业园区的清洁生产、污染控制和资源化关键技术难关,突破原有城市水污染控制系统整体设计、全过程运行控制和水体生态修复技术,结合城市水体综合整治和生态景观建设,开展综合技术研发与集成示范,初步建立我国城市水污染控制与水环境综合整治技术体系、运营与监管技术支撑体系,推动关键技术的标准化、设备化和产业化发展,建立相应的研发基地、产业化基地、监管与绩效评估管理平台,为实现跨越发展以及构建新一代城市水环境系统提供强有力的技术支持和管理工具。

随着我国社会经济发展和城市化进程的加快,雨污水管网建设正在全力推进。因此,急需根据全国典型城市雨污水管网水污染问题的普遍性技术需求,针对具有代表性的管网问题,开展雨污水管网建设、改造、运行调控关键技术研究和工程示范。正是基于这一重大科技需求,我国水专项在城市水环境主题下设置了"合流制高截污率城市雨污水管网建设、改造和运行调控关键技术研究与工程示范课题"。该课题针对我国各地城市雨污水管网系统多样化、缺乏科学合理的设计、设施不完善、管网容量低、施工质量差、管网截污能力不足、维护不善、错接乱排严重等问题,根据城市的共性技术需求,研究多种排水体制并存、运行调控难度大的城市雨污水管网,溢流污染严重的雨污合流制管网,地质条件不良的特殊地形地貌城市雨污水管网的建设、改造和运行调控关键技术;重点突破科学合理的新建城区雨污水管网建设、老城区雨污水管网改造方案与工程技术方法,雨污水溢流控制技术,城市雨污水管网运行管理与管道状况的动态监测技术;通过技术应用和工程示范,形成合流制高截污率城市雨污水管网建设、改造和运行调控的技术支撑体系。

本丛书是"十五"水专项"镇江水环境质量改善与生态修复技术研究及示范"和"十一五"水专项"合流制高截污率城市雨污水管网建设、改造和运行调控关键技术研究与工程示范"研究成果的具体体现,是研究团队全体成员的智慧结晶,涵盖了"城市合流管网溢流污染控制规划理论、方法与实证""排水系统清洁生产理论与实践""合流制排水系统污染控制原理与技术""城市合流管网溢流污染控制技术应用"等内容,可为我国城市合流制雨污水管网污染物的减量控制提供理论依据。

　　本丛书的出版得到了上海同济大学徐祖信教授、李怀正教授、尹海龙副教授，浙江大学张仪萍副教授，西安建筑科技大学王晓昌教授，北京建筑大学车武教授的热情支持和帮助；得到了镇江市人民政府、镇江市水利局、镇江市住房与城乡建设局、镇江市科技局、镇江市环境保护局及镇江市环境监测中心站等部门和镇江市水利投资公司、镇江市水业总公司、江苏中天环境工程有限公司等单位的大力协助。在此对他们表示诚挚的感谢。

吴春笃

2014 年 12 月 12 日

前　言

在我国快速城市化进程中,新城区建设大多采用雨污分流排水系统。但由于历史原因,城市中的老城区大多数仍保留合流制排水系统,当城市降雨产生径流时,雨污合流排水系统的溢流污染要比分流制排水系统的严重。针对溢流污染采取的常规处理措施是将城市污水送往污水处理厂处理。我国污水处理厂处理的对象主要是城市污水,处理规模大多偏小,故难以处理短时间内合流制排水系统的高负荷冲击,通过溢流措施溢流出的合流污水中仍存在大量污染物。因此,合流制排水系统造成的污染问题得到越来越多的关注和研究。

发达国家很早便开始重视溢流污染的问题,并对溢流污染控制进行了系统的研究,近年来的研究力度也很大。国内外的经验都已经证明,城市暴雨管理和溢流污染控制不仅关系到水环境的质量,而且事关城市重要基础设施的规划和建设,事关城市安全与可持续发展百年大计的重大战略问题,必须予以足够的重视。国家和各城市应尽快开展系统性研究,在此基础上制定中长期的控制目标和规划,并将雨水径流污染和溢流污染纳入污染物排放总量控制范畴。

因我国对溢流污染控制的研究起步较晚,各城市的自然条件、发展程度、基础设施状况等各方面条件相差很大,故应根据各城市的不同特点有针对性地开展研究,制订符合当地条件的溢流污染控制策略及措施,并将其纳入水务、市政、环保等职能部门的监管之中。

溢流污染控制技术的研发在国外已开展了很长时间,相对较为成熟;并有一些控制设施的专利产品,它们的应用取得了很好的控制效果。虽然我国的个别大城市近几年加强了对溢流污染控制的研究,但还未形成系统化的处理技术和处理设施。随着我国对溢流污染的进一步深入研究,对这方面的需求会不断增加,应针对我国城市的条件及特点,开发适用的污染控制技术和装置,确定设施的设计计算方法,形成相应的技术体系并制定技术规范和标准。

本书结合编者近年的研究成果,从溢流污水的基本概念、溢流污染的控制技术、施工与运行管理等方面对城市溢流污水控制技术的应用进行了论述,深入地介绍了溢流污水的产生及其排放特征、磁絮凝、多级吸附净化等污染控制技术、工程施工与质量验收等。

本书为城市管理者和设计者提供了溢流污水控制的相关技术参考,对实现城市排水系统的低污染排放具有很强的现实意义。相信通过本书的阅读,读者可以更清晰地了解溢流污水的各种控制措施,并掌握各种控制技术在溢流污染控制中的具体应用方法。

本书是编者在参与和主持大量相关项目研究成果的基础上总结而成,特别感谢国家水体污染控制与治理科技重大专项(2008ZX07317-001)、国家"863"重大科技专项(Z003AA601100)和江苏省科技支撑计划项目(BE2008615)的支持。本书参编者还包括白戈、厉青、段明飞、何锋。同时,本书编写过程中还引用了部分学者的研究成果,在此表示衷心感谢。

目　录

第1章　概　述 ／1

1.1　溢流污水的特征　／1

1.1.1　溢流污水的定义　／1

1.1.2　合流溢流污水的特点　／3

1.1.3　合流管网溢流污水的影响因素　／3

1.1.4　溢流污水对受纳水体的影响　／7

1.1.5　溢流污水的产生原因　／8

1.1.6　溢流水量的确定　／9

1.2　溢流污水的管理及排放要求　／10

1.2.1　溢流污水的管理　／10

1.2.2　排放要求　／12

第2章　溢流污水的处理　／13

2.1　处理原则　／13

2.2　处理流程　／13

2.2.1　国外对合流溢流污水的处理措施及研究现状　／13

2.2.2　合流溢流污水的处理措施及流程　／16

第3章　溢流污水物化处理　／19

3.1　旋流分离　／19

3.1.1　适用地区　／19

3.1.2　定义与目的　／19

3.1.3　技术特点　／21

3.1.4　旋流器的性能指标与结构　／22

3.1.5　设备的维护与管理　／27

3.1.6　造价指标　/ 28

3.2　磁絮凝　/ 28

　　3.2.1　适用地区　/ 28

　　3.2.2　定义与目的　/ 28

　　3.2.3　技术特点　/ 28

　　3.2.4　设计与选型　/ 29

　　3.2.5　设备的运行与管理　/ 35

　　3.2.6　造价指标　/ 36

3.3　混凝沉淀　/ 36

　　3.3.1　适用地区　/ 36

　　3.3.2　定义和目的　/ 36

　　3.3.3　技术特点　/ 38

　　3.3.4　设计与选型　/ 38

　　3.3.5　设备的运行与管理　/ 39

　　3.3.6　造价指标　/ 41

3.4　调　蓄　/ 41

　　3.4.1　适用地区　/ 41

　　3.4.2　定义与目的　/ 41

　　3.4.3　技术特点　/ 42

　　3.4.4　设计与选型　/ 45

　　3.4.5　设备的维护与管理　/ 52

　　3.4.6　造价指标　/ 52

3.5　多级吸附净化床　/ 53

　　3.5.1　适用地区　/ 53

　　3.5.2　定义与目的　/ 53

　　3.5.3　技术特点　/ 53

　　3.5.4　工艺选材及施工　/ 53

　　3.5.5　设备的维护与检查　/ 58

　　3.5.6　造价指标　/ 58

第 4 章　溢流污水生态净化　/ 59

4.1　无动力生态减速降污床　/ 59

　　4.1.1　适用地区　/ 59

　　4.1.2　定义与目的　/ 59

　　4.1.3　技术特点　/ 59

　　4.1.4　施工要求　/ 60

　　4.1.5　维护与检查　/ 61

　　4.1.6　造价指标　/ 61

4.2　景观挂篮　/ 62

　　4.2.1　适用地区　/ 62

　　4.2.2　定义和目的　/ 62

　　4.2.3　技术特点　/ 63

　　4.2.4　施工方法　/ 63

　　4.2.5　维护与检查　/ 66

　　4.2.6　造价指标　/ 66

4.3　生物栅　/ 66

　　4.3.1　适用地区　/ 66

　　4.3.2　定义和目的　/ 66

　　4.3.3　技术特点　/ 67

　　4.3.4　设计与选型　/ 67

　　4.3.5　维护与管理　/ 70

　　4.3.6　造价指标　/ 70

4.4　两栖浮床　/ 70

　　4.4.1　适用地区　/ 70

　　4.4.2　定义与目的　/ 70

　　4.4.3　技术特点　/ 71

　　4.4.4　设计与选材　/ 73

　　4.4.5　维护与管理　/ 75

　　4.4.6　造价指标　/ 75

4.5 人工湿地 / 76

　　4.5.1 适用地区 / 76

　　4.5.2 定义与目的 / 76

　　4.5.3 技术特点 / 77

　　4.5.4 设计与选型 / 78

　　4.5.5 建筑材料与施工方法 / 83

　　4.5.6 维护与检查 / 84

　　4.4.7 造价指标 / 85

4.6 土壤滤床 / 85

　　4.6.1 适用地区 / 85

　　4.6.2 定义与目的 / 85

　　4.6.3 技术特点 / 86

　　4.6.4 施工方法 / 88

　　4.6.5 维护与检查 / 88

　　4.6.6 造价指标 / 89

4.7 雨水花园 / 89

　　4.7.1 适用地区 / 89

　　4.7.2 定义与目的 / 89

　　4.7.3 技术特点 / 90

　　4.7.4 标准与做法 / 91

　　4.7.5 维护与管理 / 96

　　4.7.6 造价指标 / 96

第5章 溢流污水沉淀净化 / 97

5.1 沉淀净化技术 / 97

　　5.1.1 沉淀净化技术的定义及分类 / 97

　　5.1.2 沉淀池的分类 / 98

5.2 技术特点 / 99

5.3 沉淀池池型的选择 / 99

5.4 沉淀池的设计 / 100

　　5.4.1 沉淀池设计的一般规定 / 100

　　　5.4.2　竖流式沉淀池　／101

　　　5.4.3　高效斜板(管)沉淀池　／103

　　　5.4.4　高密度沉淀池　／105

　　5.5　维护与管理　／113

　　　5.5.1　沉淀池的运行管理　／113

　　　5.5.2　沉淀池的异常问题及解决对策　／114

第6章　溢流污水处理工程施工　／117

　　6.1　溢流污水处理工程选址　／117

　　　6.1.1　总体要求　／117

　　　6.1.2　选址原则　／117

　　6.2　工程施工与验收　／118

　　　6.2.1　一般规定　／118

　　　6.2.2　土建工程施工　／119

　　　6.2.3　安装工程施工　／121

　　　6.2.4　系统联合调试　／122

　　　6.2.5　工程验收　／123

　　　6.2.6　环境保护验收　／127

　　　6.2.7　施工过程安全注意事项　／128

　　6.3　运行与维护　／128

　　　6.3.1　一般规定　／128

　　　6.3.2　运行检测　／129

　　　6.3.3　维护与保养　／129

　　　6.3.4　日常管理过程中主要的安全事项　／130

　　6.4　排水管材与接口　／130

　　　6.4.1　排水管材　／130

　　　6.4.2　排水管道的接口　／132

　　　6.4.3　排水管道的基础　／134

附录:名词解释　／136

参考文献　／139

第1章

概　述

1.1　溢流污水的特征

1.1.1　溢流污水的定义

合流制排水系统(combined sewer system,简称 CSS),是指将生活污水、生产废水和雨水混合在同一管渠内排除的系统。最早出现的合流制排水系统,将排除的混合水不经处理就直接排入水体,国内外很多老城市几乎都是采用这种合流制排水系统。

由于污水未经无害化处理就排放,会使受纳水体遭受严重污染。现在常采用的排水系统是截流式合流制排水系统。这种系统是在临河岸边建造一条截流干管,同时在合流干管和截流干管相交前或相交处设置溢流井,并在截留干管下游设置污水处理厂,如图 1.1 所示。

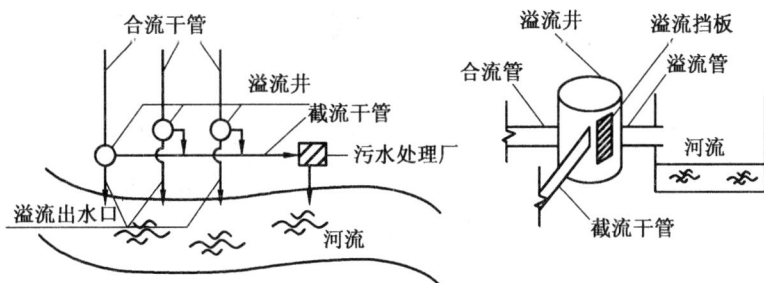

图 1.1　合流制排水系统及溢流井示意

这样,晴天和初降雨时所有混合水都排送至设置在污水下游的污水处理厂,经处理后排入水体。随着降雨量的增加,溢流井水位不断上升,当超过溢流挡板时,就会有部分混合水从溢流井溢出直接排入水体。截流式合流制排水系统较普通的合流制排水系统已经前进了一大步,但仍有部分污水未经处理就直接排放,使水体遭受污染,这是它的最大缺点。国内外在改造老城市合流制排水系统时,通常采用这种系统。

下雨和融雪时,管网还同时传输雨水和雪水,当管网内的流量超过污水处理设施的处理能力,就会有部分混合污水溢流排放到天然水体,如湖、河流、海湾等。这些溢流的污水,通常称为合流管网溢流污水(combined sewer overflows,简称 CSO)。表 1.1 给出了不同集水区晴天和雨天溢流污水中几种常见污染物[总悬浮固体(total suspended solids,简称 TSS)、化学需氧量(chemical oxygen demand,简称 COD)、总凯式氮(total kjeldahl nitrogen,简称 TKN)、总磷(total phosphorus,简称 TP)、Pb]的平均浓度。

表 1.1　溢流污水中几种常见污染物的平均浓度　　　　　　　　　　mg/L

集水区	1	2	3	4	5	6	7	8	9		
不渗水面积比例/%	75	5	65		45			45			
天气	晴天		雨天		晴天		雨天		雨天		
TSS	53.3	655.5	15.4	365.5	221	240	160	53	430	202	97
COD	190.6	368.7	44.8	50.0	291.2	75[a]	134	47[a]	445	322	68[a]
TKN	11.3	13.8	2.5	1.4	9.2	2.2[b]	14.0	1.8[b]	15.42	20.5	3.8[b]
TP	5.6	8.3	4.4	5.5	5.0		3.4			1.3	2.63
Pb	0.22	0.09	0.04	0.24	0.15	0.083	0.001 5	0.017	<0.20	0.005	0.020

注:①1—居民区 + 商业区;2—未开发地区;3,4—工业区;5 ~ 8—居民区;9—轻工业区。
②表中a 代表 BOD_5,b 代表 $NH_4^+ - N$。

从表 1.1 中可以看出,雨天污染物的浓度是晴天的 2 ~ 20 倍。我国 2002 年 12 月 24 日发布的《城镇污水处理厂污染物排放标准》(GB 18918—2002)所规定的污水处理厂二级排放标准为:COD 浓度 ≤100 mg/L,BOD_5 浓度≤30 mg/L,SS 浓度≤30 mg/L。根据表 1.1 所列数据可知,由于雨天的雨水量过大,发生了合流污水溢流情况,不经处理的污水排入水体,水体污染物浓度严重超出水质标准,会对水体环境造成严重污染。

1.1.2 合流溢流污水的特点

合流制管网中污水的水量和水质是变化的,旱季时管网中流动的仅是生活污水和工业废水,水量较小,因此,流速较小,水容易产生沉淀;雨季时雨水径流进入管网,不仅带入了径流冲刷的污染物,而且由于水量变大,流速较大,一部分沉积于管渠底部的污染物被冲刷进入混合污水中,使污染物的浓度比降雨径流中高很多。所以雨水不仅能稀释污水,还可能使混合污水的水质比原有污水差。

综上所述,溢流污水具有以下特点:

① 随降雨过程中雨量的变化,溢流污水流量变化很大。

② 因各地气候、降雨量的不同,其中污染物的浓度变化也较大。

③ 对某些河流沟道系统,降雨时,由于地表径流在短时间内累积,流入沟道,在溢流污水排放过程初期,形成了污水流量的高峰值,并且由于初期暴雨对地表和沟道中累积的污染物的冲刷,形成了污染物浓度的高峰,随着径流量的增加,污水得以稀释,污染物浓度下降至平均水平,这种现象被称作初期冲刷,即径流初期雨水中污染物浓度较大的现象。

④ 因受纳水体的水文学和水力学条件不同,溢流污水造成的污染程度不同。溢流污水不论是否经过处理,最终都将排入特定的水体。当受纳水体流速较大时,其稀释能力和水体自净能力都比较强,可以减轻溢流污染的影响。然而对于像我国北方地区那种流速较小,流量季节性变化大的水体,溢流污水的排放常常造成相对比较严重的污染。

1.1.3 合流管网溢流污水的影响因素

1. 截流倍数 n_0 的影响

截流倍数 n_0 是指合流制排水系统中,被截流部分的雨水量与旱季污水量的比值。n_0 的大小直接关系到溢流水量的大小。n_0 大,则被截流的雨水量大,溢流污水量小,对环境污染程度亦小。早在 1915 年,Engberding 曾提出溢流污染控制中,截流雨水量应为旱季流量的 10 倍,但目前国内外采用的截流倍数范围多为 2 ~ 5 (见表 1.2)。图 1.2 ~ 1.4 主要分析我国不同截流倍数下合流管的污染物溢流量与雨水量的关系。

我国在《室外排水设计规范》(GB 50014—2006)中规定的 n_0 为 1 ~ 5,

实际工程中为节省投资一般采用0.5～1.0。n_0值选用偏小,使得溢流水量极大,若不加以处理,则会使受纳水体遭到严重污染。

表1.2　各国合流污水系统采用的截流倍数

国别	n_0	国别	n_0
德国	2～3	西班牙	2～3
荷兰	3	斯洛伐克	2
英国	3	我国规范	1～5
比利时	2～5	我国实际	0.5～1.0
法国	3		

(1)未截留时合流管的污染物溢流量

对相关资料提供的数据进行整理、统计,得出污水中各种污染物溢流量与雨水流量的关系,具体如图1.2～1.4所示。

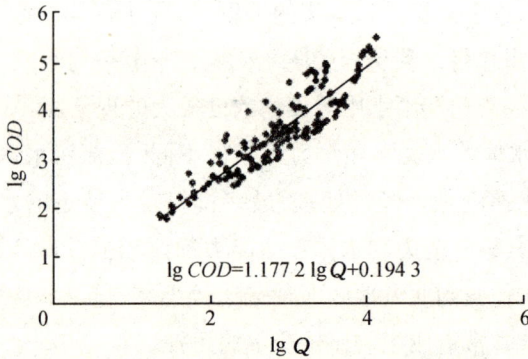

图1.2　COD溢流量与雨水流量的关系

$$\lg COD = 1.177\,2\lg Q + 0.194\,3$$

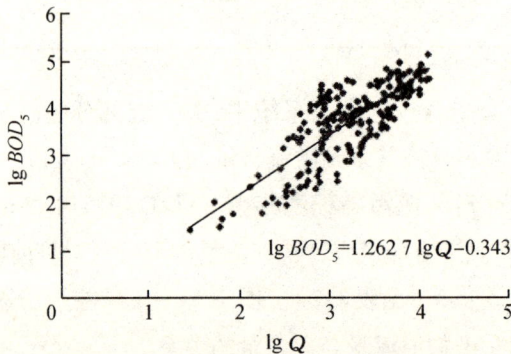

图1.3　BOD₅溢流量与雨水流量的关系

$$\lg BOD_5 = 1.262\,7\lg Q - 0.343$$

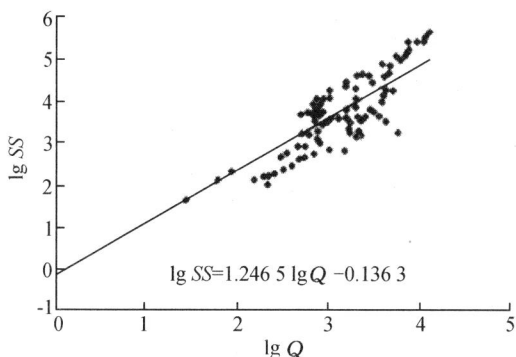

图 1.4 SS 溢流量与雨水流量的关系

由图 1.2～1.4 可知,三条趋势线都为直线,斜率都为正值,即污染物溢流量(P)与雨水流量(Q)成正比,P 与 Q 的关系式如式(1.1)所示。

$$\lg P = a \lg Q + b, \qquad (1.1)$$

式中:P——污染物溢流量,g/min;

Q——雨水流量,L/s;

a,b——常数。

在暴雨、大雨的过程中,合流管雨水流量发生变化时,污染物浓度也发生相应的变化。雨水流量与污染物浓度的同步变化,造成污染物溢流量随之变化。暴雨过程中合流管的 COD 溢流量与雨水流量、COD 浓度的变化关系如图 1.5 所示。

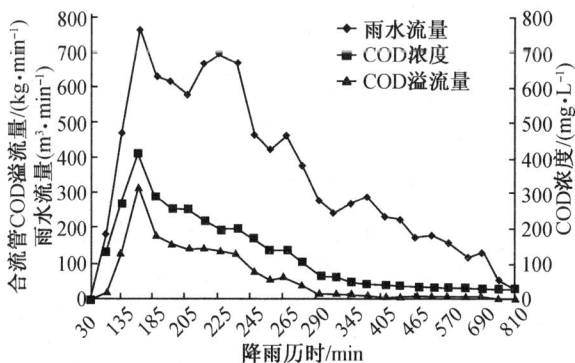

图 1.5 合流管 COD 溢流量与雨水流量、COD 浓度的关系

（2）截流时的 COD 溢流量、溢流总量

由图 1.5 所示暴雨量计算 COD 溢流量及溢流总量。该场暴雨降雨量为 65 mm、总降雨历时 810 min。合流管的旱流污水流量（Q_{dr}）为 0.5 m³/s，雨水平均流量与 Q_{dr} 之比为 11.8。不同截流倍数下合流管的 COD 溢流量如图 1.6 所示。

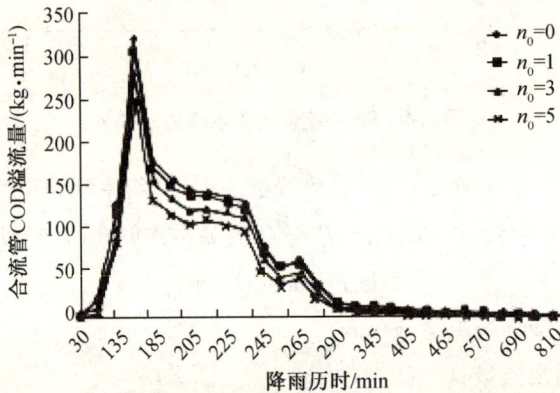

图 1.6　暴雨时合流管的 COD 溢流量

由此计算得出 COD 溢流总量和总溢流率，计算结果见表 1.3。

表 1.3　暴雨时合流管（$Q_{dr} = 0.5$ m³/s）的 COD 溢流总量和总溢流率

项　目	截流倍数 n_0			
	0	1	3	5
COD 溢流总量/t	33.66	31.35	26.88	22.57
COD 总溢流率/%	100.00	93.14	79.86	67.05

由图 1.6 和表 1.3 可知，截流倍数为 1 时合流管的 COD 总溢流率变化较小，当截流倍数升至 3 和 5 时，COD 总溢流率才有明显的下降。

2. 下垫面的影响

集水区地表状况对溢流污水浓度和流量的影响极大，主要有以下几个方面：土地使用方式（居民区、工业区、商业区或未开发地区）、绿化覆盖率、道路面积和铺设方式等。在表 1.1 中，集水区 1,2 是韩国大田县的两个地区，两地气候情况基本相同，但在 CSO 发生时，各项污染物过程平均浓度表

现出极大差异,如两地 TSS 浓度比值为 1∶12,两地 TKN 浓度比值为 8∶9。这主要是由于集水区 1 是居民和商业区,而集水区 2 尚未开发,前者绿化地比例较小,街道面积较大,不渗水面积的比例达到 75%,而后者只有 5%。不渗水面积比例偏大,不仅导致降雨径流污染物浓度增大,同时也使雨水径流量增大。

　　3. 降雨量的影响

　　由表 1.1 可以看出,对于 6,7 两个集水区,其土地利用方式都是居民区,但两者的 TSS 浓度分别为 240 mg/L 和 160 mg/L,差异极大。集水区 6 为加拿大温哥华地区,集水区 7 为斯洛伐克波普拉德地区,两地降雨量比较见表1.4。温哥华地区常年雨量充沛,波普拉德地区雨量较小,因而使得两地溢流污染物浓度差异很大。这就导致在溢流污染控制的设计中不能简单地照搬其他资料,而是要根据当地实际确定设计参数。

表 1.4　温哥华、波普拉德两地降雨量比较

地区	资料日期/年份	平均年降雨量/mm	平均年降雨日数/d
温哥华	1937—1990	160.8	164.0
波普拉德	1937—1990	570.9	93.1

1.1.4　溢流污水对受纳水体的影响

　　合流管网溢流污水对受纳水体的影响在某些方面与雨水径流相似,但也存在许多不同。相同点在于两者均由降雨所引发,均是非连续地将集水流域上的污染物排入受纳水体,从而对受纳水体产生一定的影响。两者的不同点在于污染源不同,其污染物的种类和浓度都不相同。溢流污水的污染取决于集水流域的特点和功用,集水流域的特点和功用决定了污染物的种类和浓度,其污染物主要是与生活污水有关的耗氧污染物和病原微生物。溢流污水不经处理直接外排将会造成严重危害,对受纳水体造成严重影响,主要包括以下几方面:

　　① 影响水生生物。溢流污水中大量的有机物排入水体,微生物迅速繁殖,造成水中溶解氧下降,水体中经常短期出现低溶解氧时,会影响水生生物的正常生长,阻碍内陆水体水产业的发展。

②造成水体富营养化。水体中富含大量的氮、磷元素时,水中藻类异常增殖,水呈褐绿色,不仅有损水体外观,而且当这种水作为水源时,造成给水处理困难,增加制水成本。

③污水中的固体颗粒使受纳水体的视觉效果变差,造成人体舒适感的下降。

④大量的微生物排入水体,是威胁人类健康的隐患。

⑤影响对污水处理厂的运行管理。由于合流制污水处理厂的水质、水量不断变化,使得污水厂的设计流量比分流制排水系统污水处理厂的要大。水质水量的大幅度变化,还会给污水处理厂的运行管理带来一定的困难。

1.1.5　溢流污水的产生原因

城市溢流污染作为一种重要的污染源,发达国家研究的历史较长。在整个研究过程中,其内容主要是对初始冲刷的研究以及径流污染的治理和控制研究。

初始冲刷(first flush)是指当降雨开始后初期产生的径流,其污染物的浓度是整个产流过程中最高的。初始冲刷发生时,会有大量的污染物随着径流排放到受纳水体中。初始径流中污染物的浓度受到以下参数的影响:汇流面积、降雨强度、不透水区面积以及距上一次降雨的时间间隔等。由于研究的复杂性,对于初始冲刷的定义仍存在分歧。在 Deletic 的研究中,把初始冲刷产生的标准由降雨事件中占整个产流 20% 的初始径流的总污染物负荷(FF20)来确定。因此可以用累积曲线来表示待测水质指标 WQC(water quallty character)。Lee 等的研究表明,初始冲刷可以用一种数据分析方法来计算,汇流区域面积越小,其初始冲刷现象越明显。在暴雨过程中,不同功能区污染物单位负荷量由大到小顺序如下:高密度的居民区,低密度的居民区,工业区,未开发的区域。

溢流污染产生的原因主要包括以下几方面:

(1)混合机理

溢流污染产生的首要条件是污染物与水的混合,不同水质的水混合产生不同污染程度的合流污水,合流管网系统中的合流污水与管网沉积物的再混合是导致溢流污染负荷显著增加的重要因素。

（2）水无序运行

从产生的过程看,溢流污染产生的原因,首先是由于污染物与水的无序混合,其次是雨水、污水的无序流淌,管网污水无序接管是目前公认的混接溢流污染的主要因素。此外,不同水质的污水在管网中的无序运行,污水和污染物排出管网的无序等,均是造成溢流污染的重要原因。

（3）排水设施能力过载

本质上,溢流污染是由于排水设施系统能力不足所造成的。但排水设施的系统能力也不可能无限提升。因此,讨论排水设施系统能力过载主要是考量城市重要的区域和污染负荷比较严重的局部设施能力的过载问题。

（4）排水设施设计理念落后

现代社会无论在经济和技术层面均已经取得极大的进步,但排水设施的设计理念依然遵循百年前的思想。例如,截流倍数的设计仅考虑水量大小未考虑水质负荷的高低;溢流井的溢流能力不能依据水质水量的时空差异性进行变化。虽然排水设施事实上是一个有机的整体,但实践中确实从局部开始实施并逐年展开。由于技术锁定和规划的缺失,排水设施的系统性和对时空变化的响应几乎未作统筹考虑。

1.1.6　溢流水量的确定

与溢流水量有关的设计参数是截流倍数 n_0 和旱流污水量 Q_h,其中截流倍数 n_0 是截流式合流制排水体系规划设计中最重要的参数,也是最终工程实施的重要依据。《室外排水设计规范》(GB 50014—2006)规定截流倍数一般采用 $n_0 = 1 \sim 5$。合理选择截流倍数的意义重大,设计中应综合考虑旱流污水的水质水量、水体卫生条件、水文、气象条件等因素,结合城市(镇)经济实力选择合适的截流倍数。

如果设计中已经确定截流倍数 n_0 及旱流污水量 Q_h,那么雨季设计污水截流量 Q_J 应为一恒定值,即

$$Q_J = Q_h(n_0 + 1) \tag{1.2}$$

溢流量的计算公式为

$$Q_Y = Q_C - Q_J \tag{1.3}$$

式中:Q_h——旱流污水量,L/s;

Q_C——合流水量,L/s;

Q_J——设计截流水量,L/s;

Q_Y——溢流水量,L/s。

1.2　溢流污水的管理及排放要求

1.2.1　溢流污水的管理

在溢流污水的管理方面,可参照美国环保局的相关措施。

(1)排水管道及合流溢流设施的维护和运行

其主要目的是确保现有合流排水系统和处理设施的功能,使系统能够尽可能多地处理合流污水,达到国家污染排放控制要求。通过此项措施,可以减少雨污合流管网溢流排放的水量、频度和时间。此外,在维护和运行现有系统的同时,考虑现有收集处理系统的改进,进而提出和建设新的改进设施。

(2)将收集系统的储存能力最大化

通常降雨很不均匀,造成雨水径流流量变化非常大。将雨水储存起来,再进行处理,是减少雨水径流和雨污合流溢流处理设施投资的有效办法。充分利用雨污合流储存的水,是一项成本较低的措施,减少溢流的主要方法包括:系统检查,了解需要维护维修的缺陷;检查和修复出水口潮门,防止排放水体水倒灌;调节溢流堰高度,增加管网储水能力;使用阻流设施,降低管网过流流速,增大停留时间;滞留上游排水;调整和增大截流泵站能力,输送更多合流进入污水处理厂;消除管道障碍物,包括沉积物等。

(3)预处理污水,减少溢流污染

其主要目的是减少工业和商业污水带来的水污染,从而减少雨污合流溢流污染物量。减少溢流污染的主要控制方法包括:① 识别所有污染源;② 评价所有污染物对雨污合流溢流污染的影响;③寻找和评价不同的处理方案;④ 应用选定的处理方案。

(4)加大合流污水进入污水处理厂

本项措施主要目的是减少溢流量,从而减少进入天然水体的溢流污染。

在污水处理厂,根据美国环保局相关法规,必须进行二级处理,相比其他方法,其处理效果最好,性价比也最高。由于入流水量增大,污水的处理效果可能会下降,必要时应更新现有的处理设施。

(5) 消除旱季污水溢流

它包括任何能够避免合流管网在旱季产生溢流的方法。法律要求合流管网禁止排放旱季溢流,这是对所有合流管网的强制性要求。首先,应制订检测方案,确保任何可能发生的溢流事件能够被发现和记录。排水口阀门是重点监测点。通常在排水口处选择容易接近的地方进行检查就足够了。但是,由于堵塞或损坏可能导致设备故障,需要仔细检查,通常要求在污水排放高峰时进行检查。下水道运行维护计划中应包括定期对旱季溢流进行检查。这种检查在不同地方可能变化很大,美国环保局推荐每两周检查一次,同时,每次降雨后应检查一次。

(6) 除去溢流污水中的固体和漂浮物

它主要使用简单方法消除水中可见的漂浮物和悬浮固体。使用的方法包括用挡板装置和除沫器除去表面漂浮物,加强街道清扫,减少进入下水道的漂浮物和悬浮固体。其他溢流控制措施,如提高排水系统的储存能力,增加合流污水处理量等,同样可以减少漂浮污染和悬浮固体污染物。法律要求在制定长远治理规划时,需要考虑各种不同治理手段,如旋流沉淀池、机械格栅等,对漂浮物和悬浮固体的除去效果。除去固体污染物的方法还包括:① 安装挡板。在排水收集系统溢流口上安装挡板,可以收集漂浮物。② 安装粗格栅。粗格栅用于除去较大的固体物质和漂浮物。③ 安装细格栅。细格栅用于除去较小的固体物质和漂浮物。④ 安装捕获池。捕获池通常安装在城市街道合流管网上,入口是雨水口,通常安装水平栅条,防止街道上大的固体进入合流管网,出口设在水下,防止漂浮物进入合流管网。⑤ 溢流口上安装筛网,用于除去固体污染物。纽约市监测结果表明,95%的固体污染物来源于街道垃圾。此外,粪便是导致娱乐海滩关闭的主要污染物,因此,通过公众教育,减少街道垃圾和个人卫生管理,可以减少溢流污染。

(7) 减少污染物进入合流管网

美国国会于1990年签署的污染控制法要求按照如下次序控制污染:① 控制污染源;② 以环境安全方式回用污染物;③ 以环境安全方式处理污

染物;④ 以环境安全方式对污染物进行的最终处置。

本项措施的目的是最大限度地减少污染物进入合流管网。其主要方法是改变人们的行为,包括:① 加强街道清扫。这样可以减少旱季街道污染物,在某些关键区域,每天清扫街道,可以明显减少街道污染物。② 固体污染物的收集回用。③ 产品的禁用或取代。某些材料,如聚苯乙烯,在环境中不分解,应用可生物分解的材料替代。某些海滨地区禁止用它作包装材料。④ 控制某些产品的使用,如在公园禁止使用肥料和杀虫剂等。⑤ 禁止非法倾倒各种垃圾,如禁止废旧轮胎、汽油等进入合流管网和地面。⑥ 大宗材料的回用。设置市政处理设施用于家庭大型废旧材料的处理,建立商业设施处理废旧材料,如汽油、废旧轮胎、电池等。⑦ 危险废弃物的处理。设置专门设施处理危险废弃物。⑧ 商业和工业污水的处理。建立处理设施,减小污染物进入合流管网。

（8）公共宣传

其主要目的是让公众了解雨污合流溢流口的位置,溢流的排放情况,及其对健康的影响,对娱乐和商业场所,如游泳、钓鱼等的影响。可在受影响区域、公共活动场所（如海滩等）溢流口附近粘贴告示,提醒民众。可通过报纸、电台和电视台通知有关情况（如关闭海滩等）,书面或电话通知受影响的个人。

（9）监测溢流污染的影响和控制措施的成效

通过监测了解合流溢流污染的影响、发生频率等基本数据,从而启动污染控制措施;通过监测了解控制手段的作用,以确定进一步行动,使溢水污水最终达到满足国家污染控制的要求。

1.2.2 排放要求

为了解决合流管道溢流污染问题,溢流污水的排放必须达到以下三个要求:

① 确保合流溢流污水是雨季降雨产生的。

② 所有合流溢流污水的排放必须符合我国污水排放标准在技术和水质方面的要求。

③ 必要时,采取措施减小合流污水溢流对水质、水生生物和人类健康的影响。

第2章

溢流污水的处理

2.1 处理原则

合流管网溢流污水(combined sewer overflows,简称 CSO)的处理工艺较多,技术也比较成熟,根据处理水质水量的不同,选择的处理工艺也不尽相同,当出水水质要求低时,采用单一处理工艺;当出水水质要求高时,往往采用几个工艺组合的处理工艺。处理工艺的选择一般有以下几个基本原则:

① 设备运行的长期稳定性;

② 水量、负荷的广泛性;

③ 设备启动的快速性;

④ SS 去除的高效性;

⑤ 化学试剂用量的最小化;

⑥ 运行费用的最低化。

场地特征及设施限制性因素对溢流污染控制方案的选择至关重要,场地条件(主要包括汇水面积、土壤类型、水文地质条件、受纳水体状况和周边环境等)对溢流水质及其处理和管理的影响较大。另外,经济及后期维护等也是溢流污染控制方案决策的重要影响因素。

2.2 处理流程

2.2.1 国外对合流溢流污水的处理措施及研究现状

(1) 美国

美国在对 CSO 污染控制的逐步研究中发现,要想有效地控制 CSO 污染,必须加强对其源头的控制,也就是要将 CSO 污染控制与暴雨径流控制有效地结合起来,以便从根本上减少或消除 CSO 的发生。在 2005 年的《城市非点源污染国家管理办法》中规定:必须采取措施控制径流污染,项目开发后的总悬浮固体(total suspended solids,简称 TSS)年均负荷不得超过开发前或控制在年均 TSS 负荷的 80%;控制开发后的径流洪峰和径流总量不超过开发前或采取其他调蓄措施防止下游河道或海岸线的侵蚀,以便从源头有效控制 CSO 污染。2007 年美国环保总局提出了促进实施绿色措施协议,其中强调在 CSO 污染控制过程中要尽量采取一些暴雨管理的绿色措施,例如,雨水花园、生物滞留系统、绿色停车场的设计等。

美国不仅出台了关于 CSO 污染控制的一系列法规,同时各城市根据法规中的具体要求,针对合流制溢流的污染状况,采取了相应的具体措施,例如,改造合流管道、改进管道中截污装置的材料、增大原有管道的尺寸、增大污水厂的处理容量、尽量减少溢流量等。如亚特兰大兴建了地下隧道、贮存池,并与管道相连,雨天时隧道和贮存池用于贮存过多的雨污水,降雨过后则将这部分雨污水输送至污水厂。然后又将贮存池进一步改进成带有砾石床的湿地处理系统,在储水的同时进行净化,但这种系统的维护管理费用较高。费城在溢流口采用充气式橡胶堰,可充分利用现有系统的贮存容积,减少溢流量。据统计,利用这项技术,费城可减少一场降雨中70%的溢流量。

(2) 日本

日本的多数大城市保留了合流制管道系统,日本采用合流制的城市共 192 个。日本合流制的溢流污染问题也非常突出,因此专门成立了合流制管道系统顾问委员会研究 CSO 污染的控制问题。他们主要在以下领域开展 CSO 污染控制研究:① 格栅;② 高效过滤;③ 沉淀和分离;④ 消毒;⑤ 检测仪器和控制方法。他们还提出了 24 种相关技术并已应用于 13 座城市中。到 2005 年,所有的技术都被成功地测试并被提议大规模地应用于全国。大阪市约 97% 的地区采用合流制管道系统。为了解决当地的 CSO 污染问题,市政府建造了许多控制设施,如雨水储存管、雨水隧道、蓄水池等。为了加快这些设施的应用,当地政府创立了一个 2002—2006 年的合流制管道系统发展的紧急计划,将其作为尽可能完成的目标。这个计划包括一些实际的措施,如在雨季对混合水进行活性污泥处理,建立雨水蓄水池,利用大规模雨水干管的富余调蓄空间储存雨水,改进并安置滤网以分离微粒和砂粒等。大阪市还提出了"雨季废水处理方法",这个方法可使雨季管道处理能力达到最优化以实现对 CSO 污染的控制。

东京有 23 个行政区,其中 82%应用的是合流制管道系统。雨天时溢流污水未经处理直接排入河川,对公共用水产生了不良影响。针对 CSO 污染的情况,东京制订了合流制排水系统的环境改善目标:① 削减污染负荷量;② 确保公共卫生;③ 清除漂浮物。东京根据该地区的环境要求设定了相应的环境目标(见表 2.1)。

表 2.1 合流制排水系统的环境目标改善及实施方案

项目	改善目标	现状	目标值	削减量	对策设施
污染负荷量削减	达到分流制管网水平	508.8 t/a	306.8 t/a	202.1 t/a	渗透设施、储留设施
卫生方面的安全	溢流次数减少 50%	3～83 次/a	30 次/a		

为了实现上述环境改善目标①、②,东京选定了雨水储留设施和渗透设施方案。雨水贮留设施能有效削减雨天时的溢流次数和排放量。同时,通过降雨时贮留、降雨结束后进行适当地处理等削减溢流负荷量,并向公共设施、住宅等推广设置雨水渗透设施(渗透管沟、渗透检查井等),这些渗透设施作为国家综合性治水对策的一部分产生了一定的环境改善效果。关于环境改善目标③,东京将通过在雨水流出井处设置滤网或格栅来完成。

(3) 加拿大

加拿大也一直在研究 CSO 污染的控制方法,多伦多市 1950 年前建成的许多区域都采用合流制管道系统,平均每年要发生 50～60 次的合流制管道溢流。该市早在 20 世纪 90 年代便制订了 CSO 污染控制 25 年计划,为控制 CSO 污染提供解决方案,其中一个重要的组成部分是唤起群众对这个问题的重视,也就是在某些基础项目中鼓励市民参与。这个计划的总投资约为10.47 亿美元,平均每年的运行维护费用约为 160 万美元。2003 年多伦多市政府制订了雨季溢流管理总体规划,目的是减少并最终消除雨季溢流的各种影响。2005 年多伦多市制订了 CSO 污染控制计划,并在 2006 年成立了一些环境评估小组,负责监控这些计划的实施情况。

（4）德国

德国从 20 世纪 80 年代开始重视城市雨水径流和 CSO 污染的控制，不是依赖"雨污分流"的办法，而是更加重视源头污染控制、CSO 污染控制和雨水径流污染控制的结合。最典型的措施是修建大量的雨水池以截流处理合流制管道的溢流污水和雨水，以及采取分散式源头生态措施削减和净化雨水。据 1998 年统计，德国共拥有雨水池 31 044 座，总容积达到 3 314.3 × 10^4 m^3，平均为 0.404 m^3／人。到 2002 年，德国已拥有 38 000 座雨水池，其中溢流截流池 24 000 座，雨水截流池 12 000 座，雨水净化池 2 000 座，总容积达到 4 000 × 10^4 m^3，平均每座污水厂拥有近 4 座雨水池。德国因地制宜地保留大量合流制系统（约占 70%，个别城市如汉堡甚至达到 90%），并将重点放在源头污染控制和终端污染控制的结合、排水系统的改造与完善、削减径流量和污染物总量、与其他雨水径流污染控制的技术性和非技术性措施的结合上。通过全面科学的系统规划，较快地实现了对 CSO 污染的有效控制。

（5）英国

1990 年初英国大约有 25 000 处合流制管道，英国水工业研究所（UK-WIR）、水研究中心（WRC）、水研究基金会（FWR）等部门已经进行了大规模的 CSO 研究。为了解决 CSO 污染问题，UK-WIR 建立了许多 CSO 相关的研究项目。1996 年谢菲尔德大学建立了"CSO 研究会"，其成员迅速增加，其中包括每个英国水公司的代表，并且在 1997 年与 UK-WIR 合并成 CSO 研究团体（CSORG）。CSO 研究团体在之后的 4 年管理了多项与 CSO 相关的研究项目，并对国内的 CSO 污染控制做出了一定的贡献。英国一些水公司已经对许多大规模的 CSO 处理设施运行情况进行了评估。2002 年由工程与自然科学研究中心（EPSRC）和 UK-WIR 资助，建立了 CSO 污染负荷预测项目。

2.2.2 合流溢流污水的处理措施及流程

根据国内外研究，对 CSO 的控制措施主要分为源头控制和末端处理两大类。

（1）CSO 污染的源头控制

CSO 污染控制最有效的方法是从根本上消除或减少 CSO 的发生，CSO

的源头控制正体现了这一思想。可采用的 CSO 源头控制方法如下：

① 将合流制污水管道系统改建成分流制。分流制系统实现雨污分离，清浊分流，从根本上消除了 CSO 的产生。但是分流制系统一般需要具有两个技术条件：其一，所有街坊与庭院都具有雨水、污水两个管道系统，严格分流；其二，工厂内部的雨水、冷却水等排水系统与工业废水、生活污水系统分开。这对于一般已建成的大中城市是很难实现的，需要改建所有的接户管，破坏大量路面，改建工作量极大，不仅耗时耗力，而且极不经济。

② 增大截流倍数 n_0。n_0 增大，则被截流雨水量增大，CSO 量减小。当 n_0 增大到足够大时，所有雨污混合废水都被截流，CSO 排入水体的量为零，污染降到最低程度。但 n_0 的提高意味着城市污水厂的处理能力要提高或贮存池体积要同时增大，以满足大流量污水的处理或容纳，因此工程费用也就增加，所以 n_0 的设计应根据 CSO 污染控制要求以及经济能力做出适当的选择。

③ 雨水流量的削减。降落在地面上的雨水，只有在经过地面植物和洼地的截流、地面蒸发、土壤渗透以后，雨水才成为地面径流而流入雨水沟道。当地面渗水性较好，植物和洼地的截流量较大时，径流流入雨水沟道的水量减少。但是这种地表自然渗透方式削减的雨水量是有限的。将污染较轻的地面雨水分散收集在渗透池中进行分散土地渗透处理，或者将受污染较轻的屋面与水池相连，收集到的雨水用于花园和草坪灌溉或厕所冲洗等，这样不仅减少了流入污水沟道的水量，也实现了雨水的回用，十分经济。在新建的城市或居民小区，用这种方式控制雨水流量是比较可行的。

（2）合流溢流污水的末端处理

污染源头控制可以起到在形成的初期削减其流量的作用，但仍有部分污水要进入排水系统，因此后续处理是必不可少的。图 2.1 为合流溢流污水控制技术的典型流程。各个处理单元的功能如下：

① 贮水池对初期的 CSO 进行蓄积。

② 旋流分离器、沉淀池控制颗粒污染。

③ 消毒杀灭致病微生物。

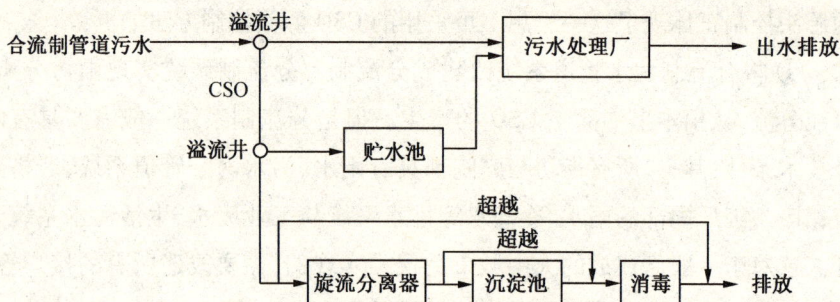

图2.1　合流溢流污水控制技术典型流程

　　雨水、污水进入溢流井后,超出污水处理厂设计能力的那部分水量溢流进入贮水池,晴天时返回污水处理厂处理。雨量较大时,超过贮存池存储能力的溢流水量,将会在旋流分离器和沉淀池中经处理然后再消毒排放。大暴雨时水量超出旋流分离器和沉淀池的处理能力,废水将超越排放。旋流分离器和沉淀池的混合污水出流经过消毒后排放。各项具体的溢流控制技术将在下文中重点介绍。

第 3 章

溢流污水物化处理

3.1 旋流分离

3.1.1 适用地区

旋流分离技术适于全国中小城镇的溢流污水处理,是目前地表径流污染控制的主要分离手段。

3.1.2 定义与目的

旋流分离器(vortex separator)是基于离心沉降作用,利用污水中砂粒等悬浮固体颗粒和水所受离心力的不同,而实现固液有效分离的一种装置。当待分离的两相混合液(含有悬浮固体的水)以一定的压力从旋流器上部周边切向进入分离器后,产生强烈的旋转运动,由于固液两相之间的密度差,其所受到的离心力、向心浮力和流体曳力不同,较重的固体颗粒经旋流分离器底流口排出,而大部分清液则经过溢流口排出,从而实现污染物分离的目的。

旋流沉砂池是旋流分离器的一种,常用于污水中砂的去除。它主要是利用机械力控制水流流态与流速,加速砂粒的沉淀并使有机物随水流带走的沉砂装置。旋流沉砂池有多种类型,其中某些形式还属于专利产品。图3.1 为旋流沉砂池的工作原理示意。

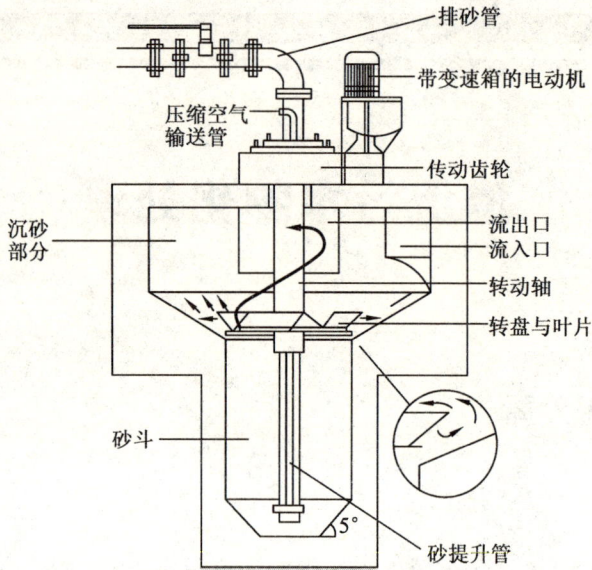

图 3.1　沉砂池的工作原理示意

　　沉砂池由流入口、流出口、沉砂区、砂斗、涡轮驱动装置以及排砂系统等组成。污水由流入口切线方向流入沉砂区,进水渠道设一跌水堰,使可能沉积在渠道底部的沙子向下滑入沉砂池;渠道还设有一挡板,使水流及砂子进入沉砂池时流向池底,并加强附壁效应。在沉砂池中间设有可调速的桨板,使池内的水流保持环流。桨板、挡板和进水水流组合在一起,旋转的涡轮叶片使砂粒呈螺旋形流动,促进有机物和砂粒的分离。由于所受离心力不同,相对密度较大的砂粒被甩向池壁,在重力作用下沉入砂斗;而较轻的有机物,则在沉砂池中间部分与砂分离,有机物随出水旋流带出池外。通过调整转速,可以达到最佳的沉砂效果。砂斗内沉砂可以采用空气提升、排沙泵排沙等方式排除,再经过砂水分离达到清洁排沙的标准。

　　目前,旋流分离技术应用于城市地表径流污染控制的研究和实践在国外已经相当成熟,有专门的成套产品。小型旋流分离器通常设置在雨水收集管路中,常见结构及运行效果如图 3.2 所示。

(a) 常见结构　　　　　　　　(b) 运行效果

图 3.2　小型旋流分离器的常见结构及运行效果

3.1.3　技术特点

影响旋流分离器处理效率的因素很多,主要包括污水的水质、分离器内部的水力条件、固体颗粒的粒径以及沉降速度等,因此,不同的旋流沉砂设备其处理效率没有可比性。旋流分离器首先应用于矿业领域。20 世纪 80 年代后,旋流分离器除继续应用于矿业领域外,又在化工、石油、水处理、粉末工程、纺织、金属加工等一系列工业部门得到了广泛的应用。

旋流分离器的使用几乎不受自然条件的影响,它具有体积小、高负荷、高效率的特点,是一种非常有效的径流污染控制装置。

旋流分离器主要特点包括占地省、除砂效率高、操作环境好、设备运行可靠等,但对水量的变化有较严格的适用范围,对细格栅的运行效果要求较高。其关键设备为国外产品,价格很高,故该装置在国内普及为时尚早。

其优缺点如下:

(1) 优点

① 适应流量变化能力强。

② 水头损失小,典型的损失值仅 6 mm。

③ 细砂粒去除率高,对 140 目(0.104 mm)的细砂去除率可达 73%。

④ 动能效率高。

(2) 缺点

① 国外公司的专有产品和设计技术。

② 搅拌桨上会缠绕纤维状物体。

③ 砂斗内砂子因被压实而抽排困难,往往需高压水泵或空气搅动,空气提升泵往往不能有效地抽排砂粒。

④ 池子本身虽占地小,但由于要求切线方向进水和进水渠直线较长,当池子数多于两个时,配水困难,占地也大。

3.1.4　旋流器的性能指标与结构

旋流分离器的性能指标繁多,根据不同的操作目标,可选定不同的评价参数。往往各个性能指标不能同时得到最佳值。

1. 液固分离用水力旋流器的性能指标

(1) 分离修正总效率

水力旋流器的总效率 E_t(又称底流回收率)是指底流固相质量流率 M_u 与悬浮液固相质量流率 M 之比,即

$$E_t = \frac{M_u}{M} \tag{3.1}$$

假定在水力旋流器中无物料累积和流失,则进料固相质量流率 M 等于溢流口固相质量流率 M_o 和底流口固相质量流率 M_u 之和,即

$$M = M_o + M_u \tag{3.2}$$

在实践中,由于总有一些液相伴随着固相从底流口流出,总流被分为两股物料流。其结果使分离效率至少达到一定的"保证"值。换言之,分离设备起到一种分流器的作用,而且至少可按底流与通过量体积的比例使固相分成两部分。故总效率并不代表水力旋流器的净分离效果,需对总效率进行修正,即扣除死通量所造成的部分分离效果。修正总效率 $E_t{}'$ 由下式计算:

$$E_t{}' = \frac{E_t - R_t}{1 - R_t} \tag{3.3}$$

$$R_t = \frac{Q_u}{Q} \tag{3.4}$$

式中:Q_u——底流体积流量,L/s;

　　　Q——进口体积流量,L/s;

　　　R_t——底流与通过量的体积比,又称流量分布,即由死通量引起的最小效率。

（2）分离粒度

分离粒度 d_{50} 是衡量旋流器分离分级能力的一个重要性能指标。进料中某一粒度的所有颗粒中有 50% 被分离进入底流,另外 50% 则被分离进入溢流,这种在分离时具有等概率特性的颗粒的粒度便被称为分离粒度 d_{50}。它表征着旋流器所能进行分离分级的粒度范围。所以,分离粒度 (d_{50}) 便是分级效率曲线上分级效率所对应的粒度。因为修正后的效率才能有效地反映净分离效果,所以,本研究中的分离粒度是指修正级效率所对应的粒度 d_{50C},称为修正分离粒度。

（3）分级效率曲线及分离精度

由于水力旋流器的总分离效率很大程度上取决于进料固相的粒度分布。因此,在许多场合不宜用总效率作为水力旋流器的分离效率指标,而是采用分级效率来评价。所谓分级效率,是指单一级别粒度颗粒的分离效率。若求得每一级别粒度下颗粒的分离效率,则可以得到一条分级效率曲线。分级效率曲线可以用来完整地评价水力旋流器的分离分级性能。与分离修正总效率一样,为了考查净分离效果,用下式修正分级效率:

$$G'(d) = \frac{G(d) - R_t}{1 - R_t} \tag{3.5}$$

式中:$G'(d)$——修正分级效率;

　$G(d)$——分级效率。

（4）分流比

水力旋流器分流比是指底流与溢流的体积流量之比,即

$$S = \frac{Q_u}{Q_o} \times 100\% \tag{3.6}$$

式中:S——分流比;

　Q_u——底流和溢流的体积流量,m^3/s;

　Q_o——溢流的体积流量,m^3/s。

对旋流器分流比的评价,并不是简单地认为其越大越好或越小越好。因为在不同的应用场合下,往往需要根据工艺要求来确定分流比,可能要求其大,也可能要求其小。

2. 旋流器的结构

（1）入口管的结构设计

入口管的结构设计包括横截面形状、纵截面形状与旋流器顶部柱段相贯的形状、入口管角度、入口部位的设计。

（2）横截面形状

横截面形状也称为断面形状，旋流分离器的横截面一般以圆形横截面的应用最为广泛。

（3）入口管与旋流器柱段的连接

液固分离用水力旋流器的入口管一般为二维结构，与旋流器柱段相接的形式则常常为切线形。在二维结构中还出现了抛物线形、双曲线形、螺旋形、圆环形以及多管对称进料等多种形式（见图3.3），总体性能比较则选用切线型性能较好。

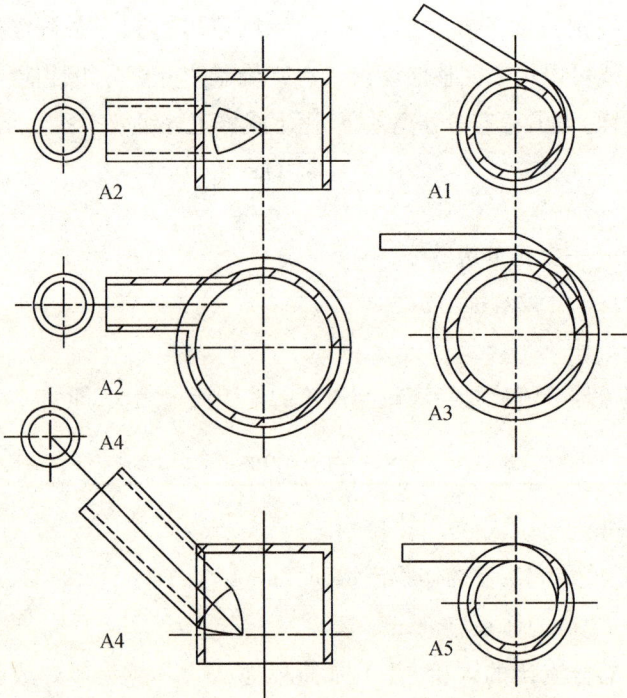

A1—抛物线形；A2—双曲线形；A3—螺旋形；
A4—圆环形；A5—光滑直锥形

图3.3　旋流分离器入口管的结构形式

（4）砂库的结构

砂库是集砂、排砂的容器。它既要保证顺畅地排砂,同时还要满足安装工艺条件。

（5）溢流管的结构

液固分离用水力旋流器溢流口的设计要素包括溢流管结构、溢流管插入柱体的深度。众所周知,短路流是普通液固分离用水力旋流器内流体流动的特征流动之一,也是引起水力旋流器溢流跑粗、分离器中粗细粒混杂的重要原因之一。而短路流的存在及其流量大小则直接与溢流管的结构形状有关。另外,溢流管的结构形状和溢流导管的形式还会直接影响水力旋流器的出口能量损失。所以,溢流管的结构形状是影响旋流器分离性能的重要因素之一。学者褚良银试验测试的溢流管其变式结构如图3.4所示。

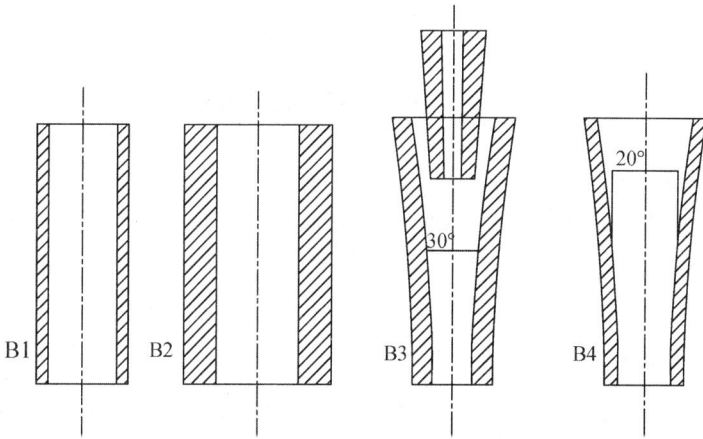

B1—薄壁直圆管；B2—厚壁直圆管；B3—30°渐扩管+环齿；B4—薄壁直圆管+虹吸

图3.4　旋流分离器溢流管结构

（6）底流管的结构

液固分离用水力旋流器的底流管一般为直圆管,但近年来也出现了一些特殊形状的旋流器底流管结构以及一些特殊的底流管外附加结构形式。旋流分离器内底流管结构变化如图3.5所示。

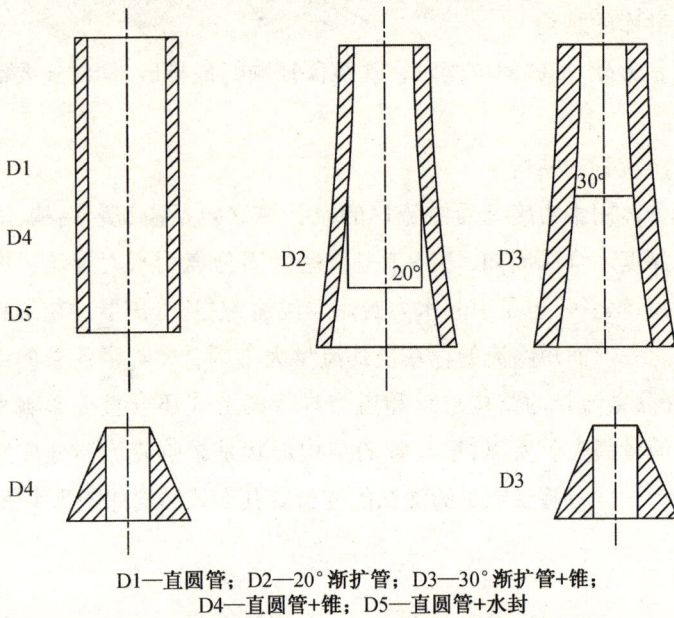

D1—直圆管；D2—20°渐扩管；D3—30°渐扩管+锥；
D4—直圆管+锥；D5—直圆管+水封

图 3.5　旋流分离器内底流管结构

3. 施工方法

当旋流分离器采用混凝土砖混结构时,要求基底承载力大于 100 kPa,分离器主体结构采用 MU7.5 砖砌,基础采用砼垫层基础,内外壁均需用水泥砂浆批荡。

旋流分离器施工工艺流程如图 3.6 所示。

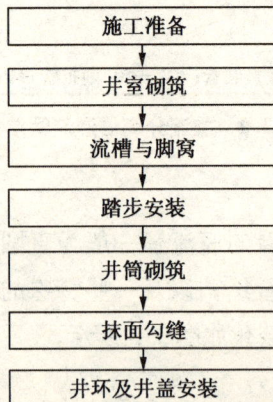

施工准备

井室砌筑

流槽与脚窝

踏步安装

井筒砌筑

抹面勾缝

井环及井盖安装

图 3.6　旋流分离器施工工艺流程

（1）井室砌筑

混凝土基础强度必须达到 1.2 MPa，方可进行分离器主体井室砌筑。砌筑前，应将砌筑部分清理干净，并洒水润湿，同时在凿毛处理的部位刷素水泥浆。

分离器主体井室砌筑采用丁砖砌法，两面排砖，外侧大灰缝用"二分枣"砌。砌完一层后，再灌一次砂浆，然后再铺浆砌筑上一层砖，上下两层砖的竖向缝应错开。

砌砖宜采用"三一"砖砌法，即一铲灰、一块砖、一挤揉；采用铺浆法操作时，铺浆长度不超过 500 mm。砖砌体水平灰缝砂浆饱满度不得低于 90%，竖向灰缝宜采用挤浆或加浆方法，使其砂浆饱满。严禁用水冲浆灌缝。砌筑时，要上下错缝，相互搭接，水平灰缝和竖向灰缝深度控制在 8 ～ 12 mm。

（2）井筒砌筑

井筒高度应符合设计要求，砌筑时要挂中心线，边砌边测量内径尺寸，防止尺寸出现偏差。圆形收口井井筒砌筑时，要根据设计要求进行收口。四面收口时每层厚度不应超过 30 mm；三面收口时每层厚度不应超过 40 ～ 50 mm。

（3）抹面勾缝

抹面前应先用水湿润砖面，然后采用三遍法抹面，第一遍用 1∶2.5 的水泥砂浆打底，厚 10 mm，必须压入砖缝，与砖面粘贴牢固；第二遍抹厚 5 mm 找平；第三遍抹厚 5 mm 铺顺压光，抹面要一气呵成，表面不得漏砂粒。抹面完成后，井顶应覆盖养护。

勾缝前检查墙体灰缝深度，清除墙面杂物，洒水湿润。勾缝要求深浅一致，交接处平整，一般要求墙体灰缝比墙面深 3 ～ 4 mm，勾完一段清扫一段。

（4）井环及井盖安装

井环采用 C25 混凝土预制，下铺 1∶3 的水泥砂浆座底。井盖采用型号为 OT500-7 的球墨铸铁新型防盗井环盖。

3.1.5 设备的维护与管理

定期对旋流分离器进行检查，及时清除大颗粒污染物，每三个月需清渣一次，以发挥旋流分离器的正常功能。由于旋流分离器会被腐蚀和磨损，需要定期检查,并且及时更换溢流管和沉砂嘴等部件。

3.1.6　造价指标

旋流分离器一般售价为 3 000 ～ 5 000 元/台,无日常运行费用。

3.2　磁絮凝

3.2.1　适用地区

磁絮凝技术适于城镇溢流污水和生活污水的处理,也可以用于含藻废水的处理。它可作为深度处理单元,进一步去除水中 TP、SS、COD、浊度、色度、细菌等污染物;也可作为一级强化处理工艺,去除水中以悬浮或胶体形态存在的污染物。

3.2.2　定义与目的

磁絮凝技术通过絮凝、吸附、架桥的作用将水中的微小悬浮物或不溶性污染物与粒径极小的磁性颗粒进行极有效率的结合,来增加絮体的体积和密度,从而加快絮体的沉降速度,有效减少澄清池的水力停留时间和增大其表面负荷。同时,加载的磁性颗粒经过磁分离系统的回收,实现循环使用,达到以废治废、资源再用的目的。磁絮凝的同时可通过外加磁场的作用,改变溶液中污染物颗粒的性质,使其更容易发生混凝,并且使部分离子磁化,然后通过磁盘把磁性粒子分离出来。其主要目的是去除水中的污染物颗粒,净化水质。作为一种去除污染物特别是去除胶体颗粒物的新型水处理技术,磁絮凝技术适用于城镇溢流污水和含藻废水的处理。

磁絮凝工艺包括磁絮凝、磁分离和沉淀三个部分,其流程如图 3.7 所示。

合流污水 → 泵井 → 磁絮凝 → 磁分离回用 → 沉淀或澄清 → 排放

图 3.7　磁絮凝工艺流程

3.2.3　技术特点

磁絮凝工艺是一种新型的水处理技术,常用来处理污水中的胶体颗粒和悬浮固体,处理富含氮、磷的富营养化废水具有良好的效果,也可以去除污水中的一些溶解性物质。

磁絮凝工艺具有广泛的推广应用价值,在溢流污水的预处理、中间处理和深度处理中均有使用。其出水效果好,运行稳定,一般与磁分离技术联用。

目前,磁絮凝设备的磁场强度难以提高,选择性差,往往存在不同程度的漏磁现象,并且造价和运行的能耗较高;进水 pH 值应在所选用混凝剂的适当范围内,并且所选混凝剂一般要具有顺磁性,水温不能过低。混凝剂的最佳投加量会随进水水质、水量的变化而改变,需要经常调节,对运行人员要求较高。

3.2.4　设计与选型

1. 磁絮凝技术的设置条件

① 溢流污水需化学除磷、除氮。

② 溢流污水需去除 SS、有机物、色度。

2. 磁絮凝技术的说明

(1) 常用的化学药剂有聚合氯化铝、聚合氯化铁、硫酸铝、氯化铁、硫酸亚铁以及聚合氯化铝铁、聚丙烯酰胺等。

① 氯化铁和硫酸铝的除磷效果较好。

② 聚合氯化铝和聚合氯化铁较适合去除非溶解性磷,通常不采用硫酸亚铁。

③ 聚合氯化铝铁、聚合氯化铝或聚合氯化铁适合同步化学除磷。

④ 聚合氯化铝、聚丙烯酰胺适合于印染废水的深度处理和脱色处理。

(2) 投加药剂的同时要投加磁种,形成的沉淀物被输送到磁分离单元。

(3) 在磁絮凝反应设备中,通过磁场的作用使药剂混合均匀,与污染物充分结合,控制水流的紊流或磁场强度,防止絮体粒子的沉淀、破碎与解体以及磁种的自身凝聚。需要充足的絮凝反应时间,以确保絮体在磁分离之前形成。

(4) 铝盐和铁盐在形成沉淀时会消耗一定的碱度。一般投加 1 mg 硫酸铝,生成 0.26 mg 氢氧化铝沉淀,消耗 0.5 mg/L 碱度;投加 1.0 mg 硫酸铁,生成 0.5 mg 氢氧化铁沉淀,消耗 0.75 mg/L 碱度。

3. 磁絮凝技术的设计要点

(1) 混合

① 为使药剂和磁种与水充分混合,混合设施中的平均速度梯度值宜为 500 s^{-1} 左右,混合时间宜为 60 s。微絮凝时,快速混合单元的水力停留时间宜小于 30 s。

② 混合方式的选择应考虑处理水量水质的变化,可采用机械混合、水力混合或其他混合方式。

(2) 磁絮凝

① 设有磁场发生装置的絮凝设备,絮凝时间可在 10 ~ 20 min 范围内,接触絮凝时间可在 5 ~ 10 min 范围内;微絮凝水力停留时间不宜超过 10 min,一般为 2~8 min。

② 磁絮凝设备的速度梯度 G 值应从 80 s^{-1} 减小至 10 s^{-1},甚至更小,采用逐级递减的方式保证絮凝反应的进行。

③ 接触絮凝的 G 值应采用 20 ~ 75 s^{-1}。

④ 为避免磁絮凝时絮体大量沉淀而影响出水稳定,宜设排泥装置。

(3) 投加化学药剂

① 化学药剂选择应考虑下列因素:污水磷的浓度及组成、悬浮固体与胶体、碱度、成本、供应可靠性、污泥处理的处置方法,以及与其他处理过程的兼容性。

② 混凝剂类型及投加量宜通过试验确定,必要时通过生产性试验确定(尤其是聚合类药剂)。无试验数据时,铝盐或铁盐金属离子与污水中总磷 TP 的摩尔比可采用的范围为 1.5 ~ 3。

③ 采用磁絮凝工艺深度处理单元时,为强化脱色效果,混凝剂宜选用聚合氯化铝,助凝剂宜选用聚丙烯酰胺。无试验数据时,药剂投加量可采用下列参数:处理时,聚合氯化铝的投加质量浓度范围为 15 ~ 45 mg/L(按有效成分计),聚丙烯酰胺的投加质量浓度范围为 2 ~ 5 mg/L。

④ 后置磁分离设备提取出的磁性絮团可直接返回到磁絮凝设备中,提高药剂利用率。

4. 磁絮凝设备运行的控制要求

（1）应及时掌握出水的水质变化情况，如 pH 值、碱度、TP，及时调整药剂投加量。

（2）同步化学除磷宜采用在线动态优化控制系统，根据磁絮凝设备出水端的溶解性 TP 的浓度和出水 TP 的浓度，控制药剂的投加量。

（3）受到水流速度过大、风力、冬季低温等因素的影响，难以形成较大絮体时，可适当添加助凝剂或对温度不敏感的高分子混凝剂。

（4）严格控制设备运行中的水位变化幅度，其水量变化值一般不宜超过设计值的 15%。

5. 磁分离工艺

（1）工作原理及技术特征

磁分离工艺作为磁絮凝工艺的深度处理单元，能进一步去除水中的 TP、SS、COD、浊度、色度、细菌等污染物。磁分离技术是通过磁盘把磁絮凝过程中产生的磁性絮团分离出来。分离出的絮团回流到絮凝池，提高混凝效果；污水流入沉淀池。分离出的絮团中磁种的浓度与进水 TP、SS 浓度有关，进水 TP、SS 浓度越大，磁种浓度越小。

通过磁分离技术对污水进一步处理，可以减小沉淀池容积，节省其占地面积；磁盘将磁种从污水中分离出来，能够循环利用，节约成本。

（2）主要设计参数

① 磁分离池表面负荷：$15 \sim 20 \ m^3/(m^2 \cdot h)$；

② 水力停留时间：$1 \sim 2 \ min$；

③ 磁分离深度处理单元主要技术参数：进水 TP 小于 2 mg/L 时，安全系数 β 在 $2.2 \sim 2.5$ 之间；进水 TP 大于 2 mg/L 时，安全系数 β 在 $1.7 \sim 2.2$ 之间。

（3）效果评价

磁分离技术对污水中 TP、大肠菌群、SS 等污染物的去除效果较好，对 TN、NH_3-N、TDS 的去除效果不明显。磁分离技术对污染物的去除效果（从高到低）排序依次为 TP、大肠菌群、SS、COD、色度等。

6. 沉淀

（1）设置条件

① 需进一步去除 SS、TP、有机物、色度时，为保障后续过滤工艺的处理

效果和运行的稳定性,可在混凝单元后设置沉淀处理单元。

② 沉淀池按池型分为平流沉淀池、斜管(板)沉淀池、澄清池、硅藻精土澄清池、高密度澄清池等。其设置条件为:用地较为宽松时,可采用平流沉淀池;用地相对紧张时,可采用斜管(板)沉淀池、澄清池或高密度澄清池硅藻精土作为微生物载体时,可采用硅藻精土澄清池;污水处理规模不大于10 000 m³/d。

(2) 沉淀池的特征

① 平流沉淀池:

a. 上部为沉淀区;下部为污泥区;前部设有进水区,通常采用穿孔花墙布水;后部设有出水区,通常采用指型槽集水。

b. 带有机械排泥设备,操作管理方便,施工简单,适应性强,潜力大,处理效果稳定,但占地面积较大。

② 斜管(板)沉淀池:

a. 利用浅层沉淀理论,在普通沉淀池中,加设平行倾斜管(或斜板),上部为清水区,中部为斜管(板)区,下部为配水区和沉泥区。

b. 沉淀效率高,水力停留时间短,占地面积较小。

通常根据进水方式的不同,斜管(板)沉淀池分为上向流、下向流和侧向流三种形式,多采用上向流。

③ 澄清池:

a. 澄清池包括悬浮泥渣型和回流泥渣型,池内通常设置机械搅拌设备,在一个池子内完成混凝和泥水分离。

b. 进水流经高浓度悬浮污泥渣层,通过接触絮凝截留悬浮物,清水从上部排出。

④ 硅藻精土澄清池:

a. 利用水力循环澄清池原理,池内投加硅藻精土,通过接触絮凝截留悬浮物,清水从上部排出。

b. 生物硅藻污泥的沉降性能较好,可采用较高的沉淀池表面负荷。

c. 投加硅藻精土通常会增加10%左右的污泥量。

⑤ 高密度澄清池:

a. 集混凝、预沉(浓缩)、斜管分离于一体,通常由反应池、预沉池、浓缩池和斜管分离池等部分组成。

b. 反应区形成高密度、均质的矾花,慢速从预沉区进入澄清区,进行固液分离,澄清水由上部排出,污泥沉积在底部并浓缩,部分回流至反应区。

c. 占地面积较小,处理效果好,污泥脱水性能好。

(3) 沉淀池选择的注意事项

池型选择应考虑水量、水质、平面布置、高程布置要求、混合絮凝池结构形式等因素。

① 平流沉淀池:

a. 沉淀时间为 2.0 ～ 4.0 h,水平流速为 4.0 ～ 12.0 mm/s。

b. 采用铁盐或铝盐时,表面水力负荷不宜超过 1.25 $m^3/(m^2 \cdot h)$。

c. 池的长深比不小于 10∶1,长宽比不小于 4∶1,有效水深一般为 3 ～ 3.5 m,超高为 0.3 ～ 0.5 m。

d. 沉淀池每格宽度(导流墙间距)宜为 3 ～ 8 m,最大不超过 15 m。

e. 沉淀池宜采用穿孔墙配水和溢流堰集水,溢流率不宜超过 300 $m^3/(m^2 \cdot d)$。

f. 可采用重力穿孔管排泥或机械排泥,积泥区高度应根据沉泥量和沉泥浓缩程度确定。

g. 一般要求沉淀出水 SS 不超过 10 mg/L,特殊情况下不超过 15 mg/L。

② 斜管(板)沉淀池和澄清池:

a. 上升流速宜为 0.4 ～ 0.6 mm/s;有污泥回流时宜通过试验确定,无试验数据时可采用 1.0 ～ 3.0 mm/s。

b. 斜管长度一般采用 800 ～ 1 000 mm,倾角为 60°,上部清水区高度大于 1 m,底部配水区高度大于 1.5 m。

c. 斜板沉淀池的颗粒沉降速度一般为 0.3 ～ 0.6 mm/s,倾斜角度在 50°～ 60°范围内。

d. 可采用穿孔管排泥或者机械排泥,积泥区高度应根据沉泥量和沉泥的浓缩程度确定。

③ 硅藻精土澄清池:

a. 总水力停留时间为 2.0 ～ 2.4 h。第一絮凝室水力停留时间为 10 ～ 30 s,第二絮凝室水力停留时间为 75 ～ 160 s。

b. 清水区上升流速一般为 1.0 ~ 1.5 mm/s。

c. 池体的斜壁与水平夹角一般为 45°;喷嘴顶离池底的距离一般小于 0.6 m。

d. 设计回流量一般是进水量的 20% ~ 60%。

e. 喷嘴水头损失一般为 2.0 ~ 3.0 m,出水槽堰口负荷为 4 ~ 5 m^3/($m^2 \cdot h$)。

④ 高密度澄清池:

a. 混合时间为 1 ~ 1.3 min,絮凝时间为 8 ~ 15 min,沉淀池上升流速为 5.5 ~ 7.0 mm/s,污泥回流量占进水量的 3% ~ 6%;

b. 斜管长度一般采用 1 500 mm,倾角为 60°。

⑤ 化学污泥量:

a. 化学污泥干泥可按下列公式计算:

$$S = (SS + KD) Q \times 10^{-6} \qquad (3.7)$$

式中:SS——通过混凝沉淀需要去除的 SS 量,mg/L;

K——药剂转化成泥量的系数;

D——药剂投加量,mg/L;

Q——处理水量,m^3/d;

S——干泥量,t/d。

b. 混凝和化学除磷产生的污泥量应通过计算或试验确定,无试验数据时,可采用下列参数:采用铝盐或铁盐时,后置投加,污泥量约增加 5% ~ 10%;同步投加,污泥量约增加 10% ~ 15%。

c. 化学污泥宜与生物污泥一并处理。

(4) 沉淀池运行的要求

① 平流沉淀池:

a. 应合理确定排泥次数和排泥时间。

b. 严格控制运行水位。

② 斜管(板)沉淀池:

a. 应保持排泥阀正常运行,排泥管畅通,排泥间隔时间小于 8 h。

b. 应观察并记录矾花的生成状况,发现异常时及时分析原因,并采取相应的对策。

③ 硅藻精土澄清池:

a. 宜控制硅藻精土澄清池进水 pH 值为 7 ~ 10,不低于 6。

b. 必要时投加聚丙烯酰胺,保证出水水质。

3.2.5　设备的运行与管理

磁絮凝装置的结构复杂,而且涉及絮凝剂的投加和磁场发生器的操作,因此需要较为专业的运行维护人员,在操作中应注意以下几点:

(1) 水温

水温对混凝效果的影响明显,我国北方地区冬季天气寒冷,水温较低,造成絮体形成缓慢、絮体颗粒较小且松散。在这种情况下,通常的做法是增加混凝剂的投加量和加助凝剂,如活化硅酸,它与硫酸铝或三氯化铁配合使用可提高絮凝效果,节省混凝剂的用量。

(2) 水中悬浮物浓度

当污水中悬浮物浓度很小时,颗粒碰撞速率减小,混凝效果差。当遇到这种情况时,应采取以下措施:① 投加铝盐或铁盐的同时,投加如活化硅酸等高分子助凝剂;② 适当投加矿物颗粒,如废铁屑,利用其较大的比表面积和铁磁性在絮凝池内吸附去除一些杂质。

(3) pH 值

pH 值,通俗地说就是水的酸碱度,也是影响混凝效果的重要因素。采用某种混凝剂对污水进行混凝后处理时,都有一个相对的最佳 pH 值,在此条件下混凝反应最快速,絮体最不容易溶解,混凝效果最好。当选定某混凝剂时,可委托附近污水厂通过酸或碱的投加逼近此值,以保证较好的混凝效果。

(4) 磁场强度

磁场作为磁絮凝技术中的关键,其大小对混凝有着重要影响。磁场强度过大,使得污水中的磁性粒子在吸附污染物颗粒前发生自身凝聚,降低絮凝效果;磁场强度过小,不能发挥作用,所以要始终保证适宜的磁场强度。当处理某种特定的污水时,要先判断水中污染物颗粒的浓度,然后再设置相应的磁场强度。

3.2.6　造价指标

磁絮凝工艺的工程造价主要是磁絮凝设备和磁分离设备的建造价格。设备可选择钢筋混凝土结构,每立方米土建费用在 1 000 ～ 1 500 元之间;涉及的设备根据处理规模不同,价格不同。日常运行费用包括混凝药剂费用(见表 3.1)、磁场发生器及磁分离器的电耗。

表 3.1　常用混凝剂基本信息

名称	化学式	特点	备注
硫酸铝	$Al_2(SO_4)_3 \cdot 18H_2O$	运输、使用方便	水温较低时不宜采用
聚合氯化铝(PAC)	$\left[Al_2(OH)_nCl_{6-n}\right]_m$	混凝效率高,适用 pH 值范围宽,低温效果好	应用最为广泛,货源较多,供选择的产品较多
三氯化铁	$FeCl_3 \cdot 6H_2O$	适用 pH 值范围广,絮凝体密实,低温效果好	强腐蚀性,固体产品易潮解,注意适当保存,液态产品需经检验无毒后才可使用
聚合硫酸铁(PFS)	$\left[Fe_2(OH)_n(SO_4)_{3-n/2}\right]_m$	混凝效果好,腐蚀性远小于三氯化铁	产品需经检验无毒后才可使用

3.3　混凝沉淀

3.3.1　适用地区

混凝沉淀工艺适宜在全国中小城镇推广使用。在北方寒冷地区适用时,混凝沉淀装置最好建在室内,并加保温设施。

3.3.2　定义和目的

混凝是凝聚和絮凝的总称。凝聚是指通过向溢流污水中投加低分子电解质和胶体微粒的电荷,降低电位,使得胶体脱稳沉降;絮凝是指向污水中投加少量高分子聚合物时,聚合物分子即被迅速吸附结合在胶体微粒表面,一个高分子链状物同时可吸附多个胶体微粒,各微粒依靠高分子的连接作用构成某种聚集体或结合为絮状物而沉淀分离。混凝工艺是将与作用机理相适应的一定数量的混凝剂投加到溢流污水中,经过充分混合反应,使污水中微小悬浮颗粒和胶体颗粒互相产生凝聚,成为颗粒较大且易于沉淀的絮凝,最终通过重力沉淀而去除。混凝沉淀的主要目的是去除胶体悬浮物。

实际上,在溢流污水混凝处理过程中凝聚和絮凝不是分开的。向污水中投加药剂,进行水和药剂的混合,从而使水中的胶体物质产生凝聚和絮凝这一综合过程称为混凝过程。混凝的影响因素有 pH 值、温度、混凝剂以及搅拌。能够使水中的胶体微粒相互黏结和聚结的物质称为混凝剂,它具有破坏胶体稳定性和促进胶体絮凝的功能。

图 3.8 为混凝沉淀池结构示意。

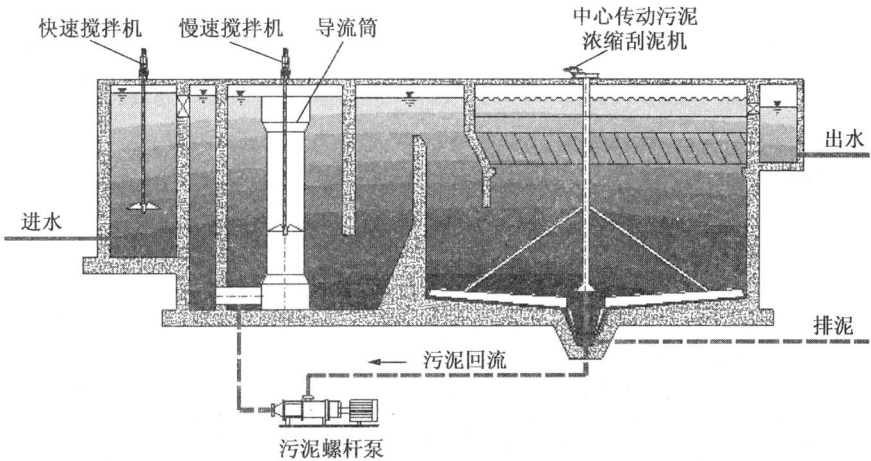

图 3.8　混凝沉淀池结构示意

污水在未加混凝剂之前,水中的胶体和细小悬浮颗粒本身质量很轻,受水分子热运动的碰撞而做无规则的布朗运动。首先,颗粒都带有同性电荷,它们之间的静电斥力阻止微粒间彼此接近而不能聚合成较大的颗粒;其次,带电荷的胶粒和反离子都能与周围的水分子发生水化作用,形成一层水化壳,阻碍了各胶体的聚合。一种胶体的胶粒带电越多,其电位就越大;扩散层中反离子越多,水化作用越大,水化层越厚,因此扩散层也越厚,稳定性越强。

污水中投入混凝剂后,胶体因电位降低或消除,破坏了颗粒的稳定状态

（称脱稳）。脱稳的颗粒相互聚集为较大颗粒的过程也称为凝聚。未经脱稳的胶体也可形成大的颗粒，这种现象也称为絮凝。不同的化学药剂能使胶体以不同的方式脱稳、凝聚或絮凝。按机理，混凝可分为压缩双电层、吸附电中和、吸附架桥、沉淀物网铺4种。

3.3.3　技术特点

混凝是水处理的一种重要方法，常用来去除污水中呈胶体状和微小悬浮状态的有机和无机污染物，还可以有效去除氮、磷等易造成水体富营养化的污染物，也可以去除污水中的某些溶解性物质。

混凝沉淀技术应用广泛，在预处理、中间处理和深度处理中均有使用。其出水效果好，运行稳定，一般与沉淀或过滤联用。

技术应用时，进水 pH 值应在所选用混凝剂的适当范围，水温不能过低。混凝剂最佳投加量会随进水水质、水量的变化而改变，需要经常调节，对运行人员要求较高。混凝生成的沉淀物需要进一步处理和处置。

混凝沉淀不但可以去除废水中粒径为 $10^{-6} \sim 10^{-3}$ mm 的细小悬浮颗粒，而且还能够去除色度、油分、微生物、氮和磷等富营养物质、重金属以及有机物等。

3.3.4　设计与选型

（1）混凝沉淀设备

混凝沉淀设备的种类较多，污水处理中可选用的设备主要有两种类型：一种是多个构筑物联用型，包括快速搅拌池、慢速搅拌絮凝池及沉淀池；另一种是单一构筑物的一体化结构澄清池，即搅拌、絮凝和沉淀在一个池子中进行。后者在结构上还具有将生成的絮体回流，减少混凝剂投加量和节省絮凝体形成时间的特点。

混凝沉淀设备常用的设计参数如下：

① 面积负荷 20 ~ 80 m³/(m² · d)；

② 停留时间 1 ~ 4 h；

③ 池深 2 ~ 4.5 m；

④ 池内流速 2.5 ~ 15 mm/s；

⑤ 进水渠流速 0.15 ~ 0.6 m/s;

⑥ 出水堰溢流负荷 1 ~ 7 L/(s·m)。

针对较大规模的一体化混凝设备,反应时间一般为 15 ~ 20 min,单体构筑物处理量为 200 ~ 300 m³/h,直径为 9.8 ~ 12.4 m,池深为 5.3 ~ 5.5 m,总容积为 315 ~ 504 m³。为保证污泥滑入泥斗,底面应有一定的坡度;倒锥形污泥斗与水平面的倾斜角为 50° ~ 60°,快速、慢速搅拌桨分别由电动机控制,保持一定的转速;进水首先进入快速搅拌池,与混凝剂充分混合,再经过慢速搅拌形成絮凝体,最后经过沉淀去除,澄清液通过穿孔管进入出水口,最终排出混凝设备;定期进行排泥操作。池体可采用钢筋混凝土结构;搅拌桨及搅拌叶片可采用钢质材料并做防腐处理;PPR 管打孔制成穿孔管。

（2）混凝剂的选用

混凝沉淀工艺中,所投加的混凝剂应符合混凝效果好,对人体健康无害,使用方便,货源充足和价格低廉等特点。混凝剂的种类不少于 200 种,目前主要采用的是铁盐和铝盐及其聚合物。污水处理领域应用最多的混凝剂是硫酸铝 $Al_2(SO_4)_3 \cdot 18H_2O$,它有固体和液体两种不同形态,我国常用的是固态硫酸铝。其优点是运输方便,使用方便,但在水温较低时,其混凝效果不如铁盐混凝剂。聚合氯化铝又名碱式氯化铝或羟基氯化铝,其作用机理与硫酸铝类似,但混凝效率比硫酸铝高。在相同水质条件下,聚合氯化铝的投加量比硫酸铝少,对水的 pH 值变化适应性较强。三氯化铁是铁盐混凝剂中最常用的一种,其混凝机理与硫酸铝相似。一般来说,三氯化铁混凝剂适用的 pH 值范围较大,形成的絮凝体比铝盐絮凝体密实。当水温或进水浑浊度较低时,其处理效果优于硫酸铝;但是三氯化铁的腐蚀性强,而且其固态产品易吸水潮解,不易保存,铁盐还会影响出水的色度。其液态产品虽然价格低,使用方便,但成分复杂,必须经专业部门化验无毒后方可使用。有时,为了提高混凝效果,还向污水中投加助凝剂来促进絮凝体的增大,加快沉淀。活化硅酸(又称聚合硅酸)是一种常见的助凝剂,其作用主要是将微小的聚合氯化铝颗粒联结在一起。使用时投加量不宜过多,通常剂量为 5 ~ 8 mg/L,否则反而会抑制絮凝体的生成。

3.3.5　设备的运行与管理

混凝沉淀池的结构较复杂,而且涉及投加混凝剂的操作,因此需要较为

专业的运行维护人员,在操作中应注意以下几点:

(1)水的 pH 值对混凝效果的影响

pH 值的大小直接关系到选用药剂的种类、加药量和混凝沉淀效果。水中 H^+ 和 OH^- 参与混凝剂的水解反应,因此,pH 值强烈影响混凝剂的水解速度、产物的存在形态与性能。

(2)水温对混凝效果的影响

混凝剂水解多是吸热反应。水温低时,水解速度慢,且不完全。温度也影响矾花的形成速度和结构。低温时,絮体的形成很缓慢,而且结构松散,颗粒细小,较难去除,尽量增加投药量;此外,水温低时水的黏度大,布朗运动减弱,碰撞次数减少,同时剪切力增大,难以形成较大的絮体。但温度太高,易使高分子絮凝剂老化或分解生成不溶性物质,反而降低混凝效果。

(3)水中杂质的成分、性质和浓度对混凝效果的影响

水中黏土杂质,若粒径细小而均匀,混凝效果较差;粒径参差不同,则对混凝有利。颗粒浓度过低往往对混凝不利,回流沉淀物或投加助凝剂可提高混凝效果。

(4)混凝剂种类的影响

混凝剂的选择主要取决于胶体和细微悬浮物的性质、浓度。如水中污染物主要呈胶体状态,且 ζ 电位较高,则应先选无混凝剂使其脱稳凝聚;如絮体细小,还需投加高分子混凝剂或配合使用活化硅胶等助凝剂。

(5)混凝剂投加量的影响

任何混凝处理,都存在最佳混凝剂和最佳投量,其值应通过试验确定。一般投量范围为:普通铁盐、铝盐为 10 ～ 100 mg/L;聚合盐为普通盐的 1/3 ～ 1/2;有机高分子混凝剂为 1 ～ 5 mg/L。投量过多可能造成胶体再稳。

(6)混凝剂投加顺序的影响

当使用多种混凝剂时,其最佳投加顺序通过试验确定。一般而言,当无机混凝剂与有机混凝剂并用时,先投加无机混凝剂,再投加有机混凝剂。但当处理的胶粒在 50 μm 以上时,常先投加有机混凝剂吸附架桥,再投加无机混凝剂压缩双电层而使胶体脱稳。

（7）水力条件对混凝的重要影响

在混凝初期阶段,要求混凝剂与水迅速均匀地混合,而到了反应阶段,既要创造足够多的碰撞机会和良好的吸附条件让絮体有足够的成长机会,又要防止生成的小絮体被打碎,因此要求搅拌强度逐步减小,反应时间要长。混凝在污水处理设备中起着相当大的作用。

3.3.6　造价指标

混凝工艺的工程造价主要是建造混凝反应器的价格。它可选择钢筋混凝土结构,每立方米土建费用在 400 ～ 1 000 元之间。日常运行费用包括混凝药剂费用、搅拌机的电耗费用。

3.4　调　蓄

3.4.1　适用地区

调蓄适于城镇溢流污水的储存及利用,适合在全国范围内推广。

3.4.2　定义与目的

溢流污水调蓄是污水调节和储存的总称。溢流污水调蓄属于雨水利用系统,一般在雨水利用系统中以调蓄池的形态存在,溢流污水调蓄不仅是储存雨水,而且在对雨水的收集上,也起到相应的作用。

调蓄是合流制排水系统溢流污染控制的有效措施。通过调蓄削减合流污水水质水量峰值,并结合对合流污水的截流,实现最大限度截留污染物的同时减轻污水处理设施的负荷;同时提升污水处理设施生化处理系统在雨期的处理能力。

合流制排水系统的溢流调蓄池(the retention basins with overflow,简称RBO)的工作原理是在降雨期间收集部分初期雨水,将收集的雨水缓慢地输送至截流总管,最终进入污水处理厂,从而减少初期雨水对受纳水体的污染。

传统意义上雨水调节的主要目的是削减洪峰流量。通常,利用管道本身的空隙容量调节流量是有限的。如果在城市雨水系统设计中利用一些天然洼地和池塘作为调蓄池,将雨水径流的高峰流量暂存其内,待流量下降后,再从调蓄池中将水慢慢地排出,则可减小下游雨水干管的尺寸,提高区域防洪能力,减少洪涝灾害。此外,当需要设置雨水泵站时,在泵站前设置调蓄池,可减小装机容量,减少泵站的造价。此类雨水调蓄池的常见方式有溢流堰式或底部流槽式等。

雨水利用系统中的溢流污水调蓄,是为满足雨水利用的要求而设置的雨水暂存空间,待雨停后将储存的雨水净化后再使用。通常,溢流污水调蓄兼有调节的作用。当雨水调蓄池中仍有部分雨水时,则下一场雨的调节容积仅为最大容积和未排空水体积的差值。

在雨水利用尤其是雨水的综合利用系统中,调节和储存往往密不可分,两个功能兼而有之,以下称之为雨水调蓄(池)。在雨水利用系统中雨水调蓄池还常常兼作沉淀池;一些天然水体或合理设计的人造水体还具有良好的净化和生态功能。

3.4.3 技术特点

在合流制排水系统中建造调蓄池,是提高系统排水能力的一项有效措施。它可以减小下游合流制干管的尺寸、泵站的设计容量,降低工程造价。对现有超负荷运行的排水系统,建造调蓄池可提高系统的排水能力。同时,调蓄池具有保护受纳水体的功能。调蓄池可收集初期雨水,从而大大减少暴雨期间合流制泵站的溢流量,减少对水体的污染。

为了充分体现可持续发展的战略思想,有条件时可根据地形、地貌等条件,结合停车场、运动场、公园、绿地等建设集雨水调蓄、防洪、城市景观、休闲娱乐等于一体的多功能调蓄池。

调蓄池占地面积大,不适宜于用地紧张的地区。调蓄池的形状和埋设深度受场地周围的环境、土壤特性、上下游管道系统等的影响。

雨水调蓄池的位置一般设置在雨水干管(渠)或有大流量交汇处,或靠近用水量较大的地方,应尽量使整个系统布局合理,减少管(渠)系的工程量。雨水调蓄池可以是单体建筑单独设置,也可是建筑群或区域集中设置。设计地表调蓄池时尽量利用天然洼地或池塘,减少土方,减少对原地貌的破坏,并应与景观设计相结合。

(1) 地下封闭式调蓄池

目前地下调蓄池一般采用钢筋混凝土或砖石结构,其优点是占地面积小,便于雨水收集,可以避免阳光的直接照射,使水体保持较低的水温和良好的水质,藻类不易生长,防止蚊蝇滋生,安全。由于调蓄池增加了封闭设施,具有防冻、防蒸发功效,可常年蓄水,也可季节性蓄水,适应性强。地下封闭式调蓄池可以用于用地紧张、对水质要求较高的场合,但其施工难度大,费用较高。

设计时应根据当地建筑材料的情况选用合适的结构形式。国外也有用组装箱拼装式结构,孔隙率可达到 90% ,施工快速、简单。

(2) 地上封闭式调蓄池

地上封闭式调蓄池一般用于单体建筑屋面雨水集蓄利用系统中,常用玻璃钢、金属或塑料制作。其优点是安装简便,施工难度小;维护管理方便;但需要占地面空间,水质不易保障。地上封闭式调蓄池一般不具备防冻功效,季节性较强。

(3) 地上开敞式调蓄池

地上开敞式调蓄池属于一种地表水体,其调蓄容积一般较大,费用较低,但占地面积较大,蒸发量也较大。地表水体分为天然水体和人工水体。一般地表敞开式调蓄池体应结合景观设计和小区整体规划以及现场条件进行综合设计。设计时往往要将建筑、园林、水景、雨水的调蓄利用等以独到的审美意识和技艺手法有机地结合在一起,达到完美的效果。作为一种人工调蓄水池,一般不具备防冻和减少蒸发的功能。对数十座城市 200 多个住宅小区景观水池的调研表明,其渗漏率超过 50% ,因此,在结构选择、设计和维护中注意采取有效的防渗漏措施十分重要。一旦出现渗漏,修复将是非常困难和昂贵的,尤其是较大型的调蓄池。

在拟建区域内有池塘、洼地、湖泊、河道等天然水体时应优先考虑利用它们来调蓄雨水。

表 3.2 为各类常见的雨水调蓄方式、特点及适用条件。

表 3.2　常见的雨水调蓄方式、特点及适用条件

雨水调蓄方式			特　点	常见做法	适用条件
调蓄池	按建造位置	地下封闭式	节省占地面积,雨水管渠易接入,但有时溢流困难	钢筋混凝土结构、砖砌结构、玻璃钢水池等	多用于小区或建筑群雨水利用
		地上封闭式	雨水管渠易于接入,管理方便,但需占地面空间	玻璃钢、金属、塑料水箱等	多用于单体建筑雨水利用
		地上开敞式	充分利用自然条件,可与景观、净化相结合,生态效果好	天然低洼地、池塘、湿地、河湖等	多用于开阔区域
	按调蓄池与雨水管系的关系	在线式	一般仅需一个溢流出口,管道布置简单,漂浮物在溢流口处易清除,可重力排空,但自净能力差,池中水与后来水发生混合。为了避免池中水被混合,可以在入口前设置溢流。但漂浮物容易进入池中	可以做成地下式、地上式或地表式	根据现场条件和管道负荷大小等经过技术经济比较后确定
		离线式	管道水头损失小;在非雨期间池子处于干的状态。可将溢流井和溢流管设置在入口前		
雨水管道调节			简单实用,但储存空间一般较小,有时会在管道底部产生淤泥	在雨水管道上游或下游设置溢流口保证上游排水安全,在下游管道上设置流量控制闸阀	多用在管道储存空间较大时
多功能调蓄（灵活多样,一般为地表式）			可以实现多种功能,如削减洪峰,减少水涝,调蓄利用雨水资源,增加地下水补给,创造城市水景或湿地,为动植物提供栖息场所,改善生态环境等,发挥城市土地资源的多功能	主要利用地形、地貌等条件,常与公园、绿地、运动场等同期设计和建造	城乡结合部、卫星城镇、新开发区、生态住宅区或保护区、公园、城市绿化带

3.4.4 设计与选型

根据调蓄池与雨水管系的关系,调蓄池有在线式和离线式之分(见图 3.9)。

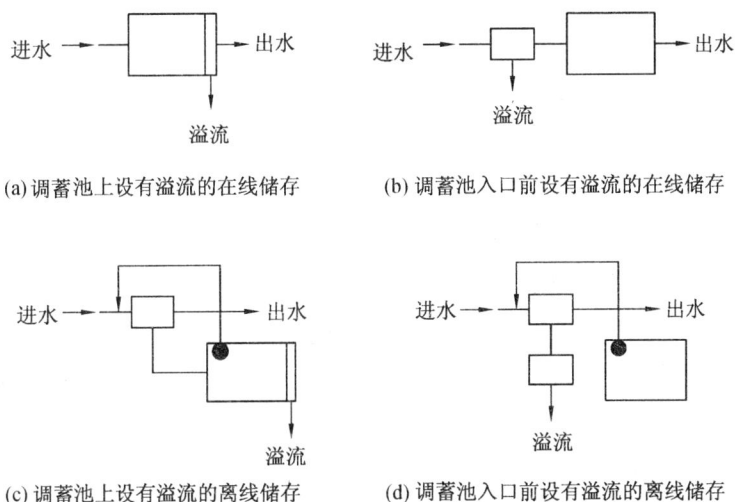

(a)调蓄池上设有溢流的在线储存   (b)调蓄池入口前设有溢流的在线储存

(c)调蓄池上设有溢流的离线储存   (d)调蓄池入口前设有溢流的离线储存

图 3.9 雨水在线调节储存和离线调节储存示意

1. 调蓄池容积的计算

(1)调蓄池容积的影响因素

确定调蓄池容积时,应考虑下列影响因素和原则:

① 可收集和储存的雨水量,是否常年蓄水,蓄水的主要用途和蓄水量要求。

② 雨水收集后的使用频率和用水量。

③ 调蓄池有无渗透功能。

④ 充分考虑其他水源和蒸发、漏失等损失水量,进行水量平衡分析。

⑤ 选用多种形式进行对比、筛选,按投入产出比等经济指标确定最佳容积。

(2)调蓄池容积的计算原理

按照其目的、进出水方式的不同,其计算模型也不同。调蓄池的计算模型主要包括如下几种:

① 以雨水集蓄利用为目的,产流后即流入调蓄池,当池中充满水后开始外排(见图3.9a)。如在线式调蓄池,当池底无排出口或排出口关闭时即属此类。此方式可以实现在一定重现期设计时将雨水全部收集,即在设计重现期下无外排雨水。

② 以雨水集蓄利用为目的,但溢流出口设置在调蓄池前端。当雨水流量超过设计入流能力时,开始外排(见图3.9b)。

③ 以调节洪峰为主要目的,如在线式调蓄池在池底部设有排水口时,其简化模型如图3.9c所示。雨水管道调蓄和有渗透功能的储存也属此类(见图3.10)。

④ 以调节洪峰为主要目的,水量较小时通过管道直接排放,当流量达到某一控制值时开始调蓄洪峰,等流量下降后再缓慢地排放或利用雨水(见图3.9d)。小管弃流和截流方式的水体调蓄即属此类。

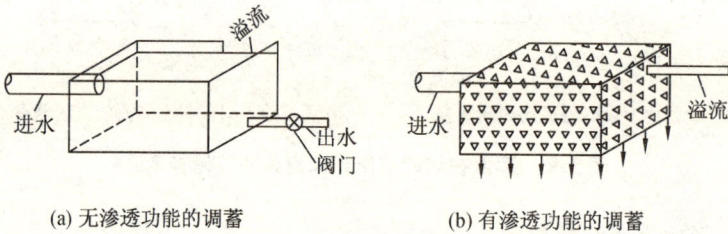

(a) 无渗透功能的调蓄　　　　　　(b) 有渗透功能的调蓄

图3.10　调蓄池的类型

这几种简化模型的计算原理均是基于降雨流量公式和降雨过程线,计算时大多以拟汇流区域内一场雨(通常取2 h)来计算。为简化计算,另一种方法是根据当地气象资料,按一定重现期设计标准的降雨量(24 h最大降雨量)计算。合理确定雨水调蓄容积是一个重要而复杂的问题,除了考虑调蓄目的外,还需要根据水量平衡分析和投资效益分析等综合考虑。

2. 雨水调蓄容积的实用算法

根据前述计算原理和简化模型,可以设计多种不同的雨水调蓄的计算方法。在实际应用时常采用下列简单的实用算法。按照有无渗透功能,其容积确定分为无渗透功能的调蓄和有渗透功能的调蓄两种情况。

(1)降雨量估算法

根据汇水表面的径流系数、降雨汇水面积和设计降雨量确定汇集的径

流雨水量,参照图 3.11,从而确定雨水储存池的容积。其计算公式如下:

$$V = 10cHF \qquad (3.8)$$

式中:V——雨水储存池容积,m^3;

　　　c——径流系数;

　　　H——一场雨的设计降雨量,mm;

　　　F——汇水面积,hm^2;

　　　10——单位换算系数。

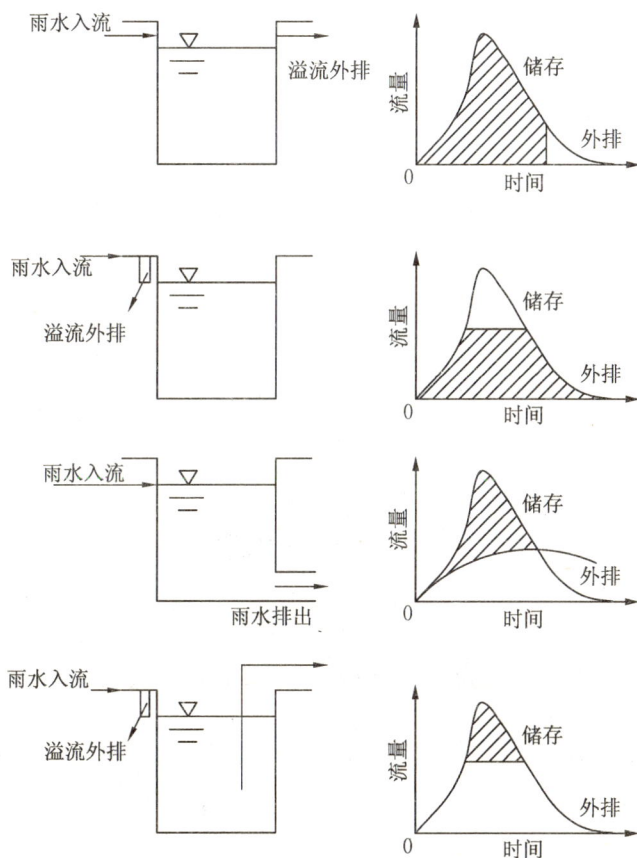

图 3.11　雨水调蓄容积计算简化模型

　　降雨量估算法的关键是确定一场雨的设计降雨量。一场雨的概念是指在一个连续的、不间断的降雨时段内的降雨量。设计降雨量 H 应根据工程所在地多年降雨统计资料和雨水利用工程投资规模、水量平衡等多种因素合理确定。例如,选用 20 mm 降雨量为设计降雨量(从当地气象部门降雨统计资料确定其保证率),对综合径流系数为 0.5 的 1 hm² 汇水面积,需要的雨水储存池容积为 100 m³,即不大于 20 mm 的降雨量,该储存池可全部容纳,而大于 20 mm 的降雨量只能部分容纳,多余的将溢流。实际设计时,可根据当地多年平均降雨量以及相应的降雨次数,计算出雨水储存池平均每年可以灌满的次数、可收集的雨水总量、建造费用等,再进行技术经济比较后加以确定。

（2）降雨强度曲线($q-t$)计算法

按暴雨流量推理公式可得径流量与降雨历时的关系曲线,图 3.12 所示为简化曲线。此曲线与坐标轴所围成的面积即为降雨总径流量 V_t,可以用该值作为雨水储存池的设计容积。计算时可以采用积分计算,也可采用图解法或平均径流量法近似计算。

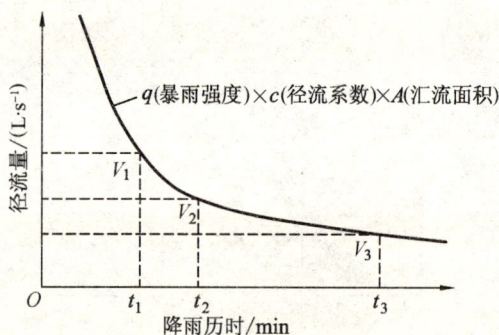

图 3.12　重现期为 P 时径流量与降雨历时的关系曲线

设计重现期的选用应根据汇水地区的建设性质、地形特点、汇水面积和气象特点等因素确定,可参考给水排水设计规范。目前我国尚无雨水收集利用系统相关设计标准,可参考雨水排放系统设计标准,一般可选用的重现期为 0.33 ~1 a,当区域外排管线能力较低或管系不完善时重现期还可延长。但重现期越长,调蓄池容积越大,费用也越多。确定雨水调蓄的规模时还应考虑投资和雨水的用途等因素。此法的特点是径流量-降雨历时曲线并不反应实际的径流过程,所以按此计算的调蓄容积偏大。计算出调蓄容积后可以用式(3.8)核算相应的设计降雨量,然后再进行技术经济评价,不满足经济规模时应进行调整。

(3) 统计降雨频率累计法

一般来讲,雨水调蓄池规模愈大,可收集水量也愈多,但每年蓄满水的复蓄次数(以下简称"满蓄次数")则愈少,因此储存池规模、可收集水量、满蓄次数三者之间互为条件、互相制约。雨水调蓄池的规模直接影响雨水利用系统的集流效率、投资和成本,有条件时可以通过优化设计寻求效益与费用比值最大时所对应的经济规模。降雨频率可以按照下列步骤计算:

① 调查当地降雨特征及其规律,如多年平均日降雨量≥某值所对应的天数,则建立日降雨量-全年天数曲线,以便确定雨水集蓄设施的满蓄次数。

② 按照式(3.8)计算系列雨水储存池容积,并根据日降雨量与全年天数规律分析不同规模序列雨水利用系统每年可集蓄利用的雨水量。

③ 对雨水储存池和相应的后续处理构筑物进行结构设计,根据当地市场、工程条件、概预算资料及其有关规定计算雨水系统各构筑物及其附属设施的总投资;根据工程具体条件和规模分析雨水系统运行成本。

④ 根据可节水总量、当地水价、减少排放造成的损失、节省排水管道的运行等实际情况,分析计算雨水利用所带来的直接效益和间接效益。

⑤ 绘制雨水利用系统寿命期内费用、效益现金流量图,计算动态效益与费用的比值,比值最大时相应的设计降雨量即为雨水利用系统的最优设计规模。

计算出调蓄容积 $V_{计}$ 后,需与降雨间隔时段的用水量 $V_{用}$ 进行对比分析,最终确定设计调蓄容积 $V_{蓄}$。计算结果分为下列两种情况:

当 $V_{用} < V_{计}$,即计算调蓄容积大于降雨间隔时段的用水量时,表明一场雨的径流雨水量较降雨间隔时段的用水量大,此时可以减小储存池容积,节省投资,多余的雨水可实施渗透或排放,此时 $V_{蓄} = V_{用}$。

当 $V_{用} > V_{计}$,即计算调蓄容积小于降雨间隔时段的用水量时,表明一场雨的径流雨水量仅能作为水源之一供使用,还需其他水源作为第二水源,此时雨水可以全部收集,即 $V_{蓄} = V_{计}$。所以 $V_{蓄} = \min\{V_{用}, V_{计}\}$。

(4) 有渗透功能的调蓄

当雨水储存池同时有渗透功能时,其计算可以参照雨水调节池的计算

方法。此时,主要考虑调节池的水量平衡,调节池的进出水量之差的累计量就是所需要的储存水量,其计算公式见式(3.9),即

$$V = \int_0^T (Q_{in} - Q_{out}) \, dt \qquad (3.9)$$

式中:V——调节池的体积,m³;

　　Q_{in}——流入调节池的流量,L/s;

　　Q_{out}——流出调节池的流量(渗透等),L/s;

　　t——降雨历时,min;

　　T——计算一场雨的降雨时间,min。

实际计算时常采用下列步骤:

① 根据暴雨径流推理公式计算不同时段的降雨径流量,由此可得累计的径流量曲线。

② 根据渗透速率绘制出计算一场雨的降雨时间内累计渗透量曲线。

③ 这两条曲线垂直方向的最大距离(最大差值)处对应的容积即为储存池的最大容积(见图3.13)。

储存池容积也可以采用手算法或者电算法进行计算。

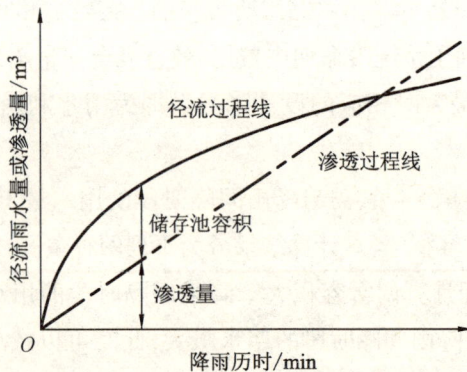

图3.13　有渗透功能的雨水调节储存池容积计算示意

由此可见,无渗透功能的雨水调节储存池是有渗透功能的特例。如果不考虑降雨过程中调节储存池的雨水渗出或出流时,$Q_{out} = 0$。此时调节储存池的容积就是图3.13所示径流雨水量与降雨历时的面积。特别指出,实际调节储存池容积的大小还应根据投资、场地面积、回用水量以及其他水源

情况等多种因素综合考虑。

（5）雨水调蓄削峰容积的验算

当雨水调节储存池兼有削减洪峰，减小下游管道管径功能时，应对其调蓄容积进行验算。有条件时可以单独设置削峰调节容积，也可在暴雨来临之前排空或部分排除有效储存利用容积，使有效储存容积发挥削峰减流之功效。

3. 雨水调蓄设施的泥区容积、超高与溢流

除具有高防洪能力的多功能调蓄外，雨水调蓄一般均应设计溢流设施。以雨水直接利用为主要目的的雨水调节储存池，除了按以上方法计算有效调蓄容积外，还应考虑池的超高。

（1）雨水调蓄设施的泥区容积

通常在调节储存池底部设有淤泥存放的区域（泥区）。泥区容积的大小应根据所收集雨水的水质和排泥周期确定。对封闭式调节储存池，可以参照污水沉淀池设置专用泥斗以节省空间；对开敞式调节储存池，排泥周期相对较长，泥区深度的可选择范围为 200 ～ 300 mm。

（2）雨水调蓄设施的超高

雨水调节储存池一般应考虑超高，封闭式雨水调节储存池的超高不小于 0.3 m，开敞式雨水调节储存池的超高不小于 0.5 m。当调节储存池设置在地下，有人孔或检查井与其相连时，可以将溢流管设在池顶板以上的人孔或检查井侧壁上，此时调节储存池的实际调蓄容积会加大，可以利用该部分作为削峰调节容积。当对结构、电气、设备等无要求时也可不设超高。开敞式调蓄和多功能调蓄也可不受此限制，根据周边地形、景观等灵活掌握。

（3）雨水调蓄设施的溢流

为了保证系统的安全性，雨水调节储存池一般都设有溢流管（渠），在水池积满水时启用，以免造成溢流灾害。特别是采用地下封闭式调节储存池或调节储存池与建筑物合建时更应仔细设计，确保安全溢流。调节储存池的溢流可以在池前溢流，也可在池后溢流。根据溢流口和接入下游点的高程关系，溢流可以是重力直接溢流，也可通过水泵提升溢流，排至下游管（渠）或河道等水体。重力溢流运行简单，安全可靠，基建投资和运行成本均较低，应优先考虑使用。重力溢流时溢流管高度在有效储存容积的上方。

如果高程不允许重力溢流,则应采用自动检控阀门控制方式来实现及时自动溢流。但为了安全起见,一般应配有手动切换控制功能,以备发生机械故障时使用。

3.4.5　设备的维护与管理

由于雨水径流中携带了地面和管道沉积的污物杂质,雨水调蓄池在使用后底部不可避免地滞留沉积杂物。如果不及时进行清理会造成污染物变质,产生异味;而且沉积物聚积过多将使雨水调蓄池无法完全发挥其功效。因此,在设计雨水调蓄池时,必须考虑对底部沉积物的有效冲洗和清除。下面对调蓄池的几种冲洗方法的优缺点进行说明,在工程设计时可进行技术经济比较,选用最优的设计方法。

（1）人工清洗

它依靠人力进入雨水调蓄池,对沉积物用工具进行清扫、冲洗、搬运。其缺点是危险性高,劳动强度大。

（2）水力喷射器清洗

它是指水力喷射器借助于吸气管和特殊设计的管嘴,在喷射管中产生负压,将吸入的空气和水混合。水力喷射器清洗的主要优点是:可自动冲洗,冲洗时有曝气过程,可减少异味,投资省,适用于所有池型。水力喷射器的主要缺点是:需建造冲洗水储水池,运行成本较高,设备位于池底易被污染和磨损。

（3）潜水搅拌器清洗

严格地说,潜水搅拌器不能作为清洗设备,只能作为防止池底沉积的作用。潜水搅拌器清洗的主要优点是:自动冲洗,投资省,适用于所有池型。潜水搅拌器主要缺点是:冲洗效果较差,设备易被缠绕和磨损。

3.4.6　造价指标

调蓄工艺的工程造价主要是调蓄池的建造价格。其可选择钢筋混凝土结构,调蓄池每立方米的土建费用在1 000 ～ 1 500 元之间。

3.5 多级吸附净化床

3.5.1 适用地区

多级吸附净化床广泛适用于我国各地。

3.5.2 定义与目的

通过对腐木、木炭、碎石等自然材料加工制作填料,以污水为对象,利用吸附和微生物分解污水中的有害物质,使污水由污浊变清亮,从黑臭变无色无味,这种装置称为多级吸附净化床。

其主要目的就是利用各种来自自然界的吸附材料使污水中各种有机污染物、氮磷等污染成分通过生物净化、物理吸附、化学反应、高效吸收等综合净化作用而得到强化去除。

3.5.3 技术特点

多级吸附净化床在模仿自然净化的原理上,让生物净化达到最佳的配合状态。尽管它采用的材料都是一些天然的腐木、石头和木炭,但对通过这些材料进行加工和科学的组合,大大地提高了这些材料的净化功能。多级吸附净化床采用的材料全部来源于自然,没有发生任何第二次污染,处理后的水可以作为中水循环使用。

该技术除用于溢流污水控制外还可以广泛用于净化河流、湖泊、水库及家庭生活污水,也可用于工厂、旅游度假村、宾馆、饭店、小村镇等小规模、没有配套污水管网以及不适合对污水进行集中处理的地区。

3.5.4 工艺选材及施工

1. 多级吸附净化床装置

该装置包括旋流沉砂井和吸附净化床(见图 3.14)。旋流沉砂井内设旋流挡板,井壁安装爬梯,井顶部设检修人孔;多级吸附净化床由生物过滤区、多级吸附净化区、出水区组成。生物过滤区内填充易于微生物附着的填料层;多级吸附净化区由挡板分隔成多个隔室,每个隔室内填充不同的吸附材料,用以分别去除污水中的有机污染物、氮、磷等;最后一个隔室顶部设置出水堰;出水堰收集处理后的污水排入出水区,出水区连接出水管。

　　污水首先经过旋流沉砂井进行预处理,去除水中的砂粒。其次进入吸附净化床的生物过滤区,该滤料区的滤料层由直径为 3 cm 的塑料球组成,污水进入该池后去除水中丝状物质。然后污水自然流淌依次经过多级吸附区,最后通过集水槽和出水区流入受纳水体。

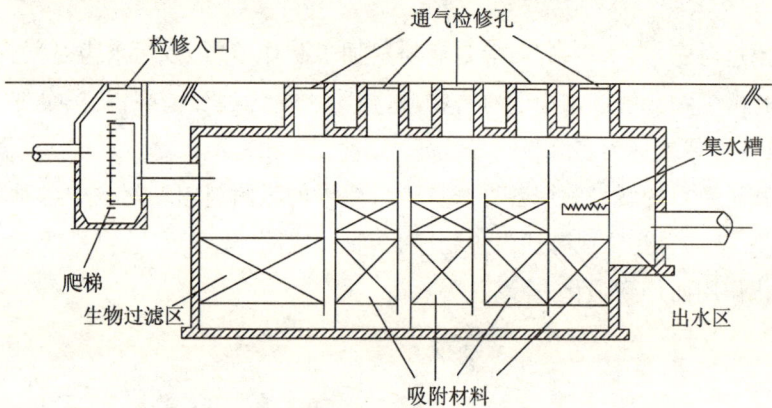

图 3.14　多级吸附净化床装置

2. 常用的吸附材料

（1）硅藻土

硅藻土具有独特的微孔结构,比表面积大,堆密度小,孔体积大,因而其吸附能力强,但这并不表明硅藻土对任何物质都具有强吸附能力。由于硅藻土吸附剂多呈负电性,因而对带负电的有机物的吸附就受到一定的限制。发生在硅藻土孔隙内的吸附主要是物理吸附,既可以是单分子吸附,也可以形成多分子层吸附,吸附的速度较快。目前硅藻土主要用于处理城市污水、造纸废水、印染废水、屠宰废水、含油废水和重金属废水。

（2）铁屑

其提供的 Fe 离子将与污水中的溶解性磷酸盐反应生成颗粒状、非溶解性的 $FePO_4$ 化合物,通过吸附固定和化学沉淀作用被去除。

（3）凹土

天然凹凸棒石黏土杂质含量较高,杂质的存在削弱了凹凸棒石原有性能,比如影响其吸附性、胶体性和脱色性等,使用时有一定的局限性,无法达到良好的效果。为了提高凹凸棒石黏土的质量,满足工业要求,在使用前需对其进行预处理及改性等过程。改性方法包括热改性、酸改性、碱改性和盐改性。

（4）腐木

它是枯木、落叶等含碳有机物,这些有机物能补充足够的碳源,在缺氧的条件下通过反硝化菌的作用,将硝酸态氮转化成氮气。

（5）活性炭

活性炭材料是一种多孔的无定形碳,具有丰富的孔隙结构和巨大的比表面积,有极强的吸附能力,活性炭的吸附性能主要是由其结构特性和表面化学特性及电化学性能决定的。

（6）沸石

天然沸石是一种骨架状的铝硅酸盐,天然沸石与合成沸石的分子筛一样,能够选择性地吸附气体,进行催化反应,并在水溶液中具有离子交换能力。天然沸石对于去除生活污水和工业废水中的氨气、氮气有较好的效果。沸石作为一种来源广泛、价格低廉的无机非金属矿物,因其独特的吸附性能、离子交换性能和易再生的特点,在去除污水中氮、磷方面有很好的应用前景。但由于天然沸石分子孔道堵塞和带电等原因,直接用于处理污水中氮、磷的效果不甚理想,因此有必要对沸石进行适当的改性处理。

3. 装置施工

（1）放线、挖坑

放线、挖坑是保证建池几何尺寸(平面、高度、弧度)准确的关键。首先按场地规划要求定好中心线桩和标高桩,标高桩要埋置牢固,避免对挖土施工有所影响。中心线桩宜选用较粗的钢筋,一头打磨尖,便于随着开挖深度的增加而不断敲击深埋,挖坑过程中要随时修正中心桩的垂直度,防止中心桩偏离中心位置。池坑开挖时要留操作平台,当开挖到池壁部位时,要经常用半径绳检查池坑各部分的弧度,同时每边要留有一定的余地便于修削。池底圈梁和反拱部分要按标准图集尺寸要求修削到位。开挖时不要在坑沿堆放重物和弃土。由于一级厌氧发酵池池体相对较浅，一般情况下不采取井点降水的方法降低地下水，如遇到地下水，应采取引水沟和集水井等排水措施，将其引离施工现场。尽量做到快挖快建，避免雨水侵袭。

（2）整体混凝土池现浇施工

① 混凝土的要求。

a. 选用合格的建筑材料。水泥必须使用有合格标号且在保质期内的水泥。石子粒径符合设计要求，砂以中粗砂为最好。砂石中不允许有泥土等杂质。

b. 配合比应根据设计的混凝土强度等级、质量检验、混凝土施工和易性及尽力提高其抗渗能力的要求确定，并应符合合理使用材料和经济的原则。

c. 混凝土的最大水灰比不超过 0.65，混凝土浇筑时坍落度应控制在 2 ~ 4 cm 内。

d. 当采用机械搅拌混凝土时，搅拌最短时间不得小于 90 s。当采用人工拌和时，拌和好的混凝土应保证色泽均匀一致，不得有可见原状的石子和砂。

e. 混凝土拌和后，当气温不高于 25 ℃时，宜在 120 min 内浇筑完毕；当气温高于 25 ℃时，宜在 90 min 内浇筑完毕。

② 池底浇筑。首先将池基原状土夯实，消除淤泥和杂物，并应有排水和防水措施，然后铺设碎石垫层，再浇筑池底混凝土。池底混凝土浇筑先由池底圈梁开始，然后逐圈浇注反拱池底，浇筑时要求振捣密实，并将池底抹成反拱曲面形状。

③ 支模。池墙外模利用原状土壁，池墙和池拱内模可用钢模或砖模。选用砖模时，必须浇水湿润，保持内湿外干，砌筑灰缝不漏浆。浇筑前应将模板内的杂物和模具上的油污清理干净，应对模板的缝隙和空洞堵严。

④ 混凝土浇注。沼气池池墙和拱顶混凝土浇筑采用螺旋式上升的程序一次浇筑成型。浇注过程要连续地由下而上进行，浇注要均匀对称，振捣密实，无蜂窝、麻面、裂缝等缺陷。池拱外表采用原浆反复压实抹光。

⑤ 养护。

a. 对已浇筑完毕的混凝土，应在 12 h 内加以覆盖和 24 h 后浇水养护。若当日平均气温低于 5 ℃，则不需浇水。

b. 混凝土的养护时间,对于采用硅酸盐水泥、普通硅酸盐水泥或矿渣硅酸盐水泥拌制的混凝土不得小于 7 d;对于火山灰质及粉煤灰硅酸盐水泥及掺用外加剂的混凝土不得少于 14 d。

c. 拆侧模时,混凝土的强度应不低于混凝土设计标号的 40% ;拆承重模时,混凝土的强度应不低于混凝土设计标号的 70% 。这里要特别强调的是,不能为了赶进度,在混凝土强度未达到上述要求时就提前拆模,以致引起拱顶坍塌造成伤亡事故。

(3) 砖砌体池施工

砖砌体池的池底浇注对混凝土的要求与整体现浇混凝土池相同。池底混凝土浇筑好后再进行池壁和顶盖砖砌体施工。

砌筑中应注意如下事项:

① 砖要先浸水,保持外干内湿。

② 砖块砌筑时要横平竖直,内口顶紧,外口嵌牢,砂浆饱满,竖缝错开。

③ 砌筑时要贴紧外土模,如有个别部位土模挖伤砖块不能贴紧,外侧要用砂浆灌筑密实,防止建成装料后松动出现裂缝。拱盖采用"无模悬砌券拱法"施工,施工时曲率半径杆要计算准确,砌筑前要仔细检查曲率半径杆支点是否在中心位置。

(4) 密封层施工

砖砌体池采用七层做法,整体现浇混凝土池采用五层做法,组合型池砖砌体部分采用七层做法,现浇部分采用五层做法。

七层做法又称为"三灰四浆"法。

第一层基层:用水灰比为 0.4 的纯水泥浆均匀涂刷 1 ~ 2 遍。

第二层底层:用水灰比为 1:3 的水泥砂浆粉刷 5 mm 厚,初凝前反复压实 2 ~ 3 遍。

第三层刷纯水泥一遍,要求与第一层相同。

第四层拌灰,抹水灰比为 1:2.5 的水泥砂浆,厚 5 mm,做法与第二层相同。

第五层刷纯水泥浆一遍,要求与第一层相同。

第六层拌灰,要求与第四层相同。

第七层刷纯水泥浆 2 ~ 3 遍,要求与第一层相同。

五层做法与七层做法施工方法相同,只是减去第四层和第六层拌灰。

3.5.5　设备的维护与检查

经过一段时间的使用后,吸附填料逐渐达到饱和吸附状态,进水由于得不到有效的吸附净化,导致出水的水质越来越差。这时应将达到饱和吸附状态的填料排出吸附净化床,装填新的吸附填料。可将部分购买的吸附填料送至相关环保监测部门,进行填料吸附穿透试验,以便较为准确地估计填料的用量,并根据所处理污水的水质、水量估算吸附填料的寿命。

3.5.6　造价指标

多级吸附净化床工艺设备简单,操作方便,无动力消耗。多级吸附净化床装置造价为 5 ~ 7 万元/套,每套装置的处理规模为 20 ~ 30 m^3/h。

第 4 章

溢流污水生态净化

4.1 无动力生态减速降污床

4.1.1 适用地区

无动力生态减速降污床,一般设置于合流管网溢流排放口处,也可设置于分流制排水系统雨水管道的出水口处。最适宜的应用地区为我国淮河以南的地区,在该区域,生态系统冬季时也可发挥作用。

4.1.2 定义与目的

无动力生态减速降污床技术是指通过有效地减小污水的流速而使其中的污染物得以沉淀,进而利用系统土壤生态净化系统吸收、转化污染物,最终使污水得以净化的一种技术。

按照国家有关设计规范,合流制排水系统溢流管道内水流流速应大于 0.75 m/s,以保证污水中的颗粒污染物不至于沉淀从而堵塞管道,影响管道的运行安全。

无动力生态减速降污床是为了使溢流污水中的污染物快速沉降而开发的一种技术,其主要目的是在不需要动力的情况下,利用水流的流体力学原理,通过快速增大水流过水断面面积,而瞬间将水流的流速减小至 0.2 m/s 以下,从而使溢流污水中的颗粒污染物快速沉降而得以去除,同时生态系统又可以起到进一步减速和除污的作用。

4.1.3 技术特点

无动力生态减速降污床技术的主要优点如下:

① 具有深度处理性能,在去除有机物的同时去除氮、磷。

② 实现污水资源化,污水中的污染物经微生物分解后可作为草坪的肥料利用,处理后的水可作为中水利用。

③ 不需要电力,不需人员日常管理,运转成本低。

④ 所需建材为生态土壤、碎石、砂、陶管、PVC 薄膜等,不需风机、泵、阀门等机电设备;管网建设费只有集中方式的数分之一。

⑤ 无污泥排出。

降污床作为一种溢流污水处理工艺,可去除水中以悬浮或胶体形态存在的污染物;也可作为污水深度处理工艺,进一步去除水中的 TP、SS、COD、浊度、色度、细菌等污染物。同时,溢流污水管道出口与受纳水体常水位之间具有 200 ~ 500 mm 的高差。

该装置适用于溢流排污口至水体间具有较大空地的位置。

由于植物在填料上生长,无动力生态减速降污床不能通过反冲洗去除吸附在填料中的颗粒物,所以水中的颗粒物的浓度不能过高,该技术多用于充分沉降后的径流净化。且该技术是在无动力情况下对污水进行治理,流速较慢,因此处理效率较低,不适用于日处理水量大的地区。

4.1.4　施工要求

无动力生态减速降污床是将减速池与土壤滤床根据各自的功能要求有机地组合在一起,其目的是减小污水流速,净化污水,降低处理设施的造价,减少处理设施的占地面积,同时通过合理的组合使污水在处理设施内部的流态更加合理,消除处理设施的容积死角和污水在处理设施内部的短流现象,提高整个污水处理设施的处理效率。

组合池的施工与多级吸附净化床的施工要求基本相同,在此主要强调以下几点:

(1) 土坑的开挖及地下水的处理

土坑的开挖除按图纸要求放线开挖外,还需要注意的是,组合池池体相对比较深,开挖深度往往大大超过地下水位线,因此必须采取降低地下水位的措施,降低地下水位通常情况都是采取井点降水的办法。在地下水位不高的情况下可采取一级井点降水;如果地下水位比较高,还要采取二级井点降水措施。为了方便井点降水的施工,土坑开挖时四周的操作平台要比减速池预留得宽一些,一般组合池土坑开挖时操作平台应留 1 m 的宽度,井点降水的排水管应插在距池壁 50 cm 的地方,井点降水管插深应超过池底深度 1 m 左右。操作平台的开挖深度为池体总深度的 1/3。

(2) 工艺材料安装及土壤滤床植物的栽种

土壤滤床是将污水有控制地投配到土壤(填料)经常处于饱和状态且生长有芦苇、香蒲等沼泽水生植物的填料床上,污水在沿一定方向流动的过程中,在耐水植物和滤料联合作用下得到净化的一种土地处理系统。土壤滤床处理污水效果的好坏与湿地填料的布置有直接关系。因此,当土建主体施工结束经试水试压验收后,填料安装时一定要按照设计要求进行,每层、每个部位的填料材质、粒径、厚度都不能随意填放,必须严格按照设计的要求布置。

通常情况下土壤滤床填料的选择遵循经济实用且效果好的原则,一般的情况下可采用建筑用碎石(最好用石灰石)、矿渣、煤渣、碎砖等。至于采用何种原料作为滤床填料,要看各地取材的方便与否和原材料的价格而定。但不管采用何种材料作为滤床的填料,在进行布置时填料的粒径都是由大到小,也就是说,土壤滤床的进水端填料粒径比较大,出水端填料粒径比较小。这是由于刚刚进入滤床的污水中 SS 的浓度比较高,为了防止填料堵塞宜采用粒径较大的填料,随着污水中 SS 的浓度的降低填料的粒径也随之变小,直至出水中 SS 浓度的达到排放标准为止。土壤滤床的填料粒径的大小选择与处理的污水性质、污水中 SS 的浓度、处理后的出水标准等多种因素有关。总之,填料的布置一定要按照设计要求,不能随意布置。

4.1.5　维护与检查

无动力生态减速降污床是自维持的人工生态系统,本身的维护工作很少。冬天植物枯萎需要对其进行收割,并且污水中的可溶性磷主要靠填料吸附,而填料的吸附能力有限,因此填料在达到吸附饱和后需进行更换。

4.1.6　造价指标

该溢流污水处理系统的基建费用只有生物滤床处理系统的 1/2 或 1/3。

污水处理系统的设计负荷约为 $0.8\ m^3/(m^2 \cdot d)$，吨水投资约为 600 元$/m^3$。

　　处理过程中若地形允许，可利用污水排放的水位差势能，无须动力提升，故无运行能耗，只需少量的定期维护管理人工费。

4.2　景观挂篮

4.2.1　适用地区

　　景观挂蓝可以在全国中小城市推广使用，尤其是适宜于利用空间有限的地区。景观挂篮对雨水具有强净化作用，也可用于其他污水的处理。

4.2.2　定义和目的

　　景观挂篮是一种具有景观作用的生态净化技术，其主要是利用挂篮内基质和植物的共同作用拦截、净化溢流污水中的污染物质。

　　我国很多城市护岸倾向于采用陡直的挡土墙结构，护岸坡度多为大于45°的陡坡。针对这一运行条件，设计了对沿岸坡径流而下的溢流污水具有强化净化作用的景观挂篮护岸。景观挂篮安装效果如图 4.1 所示。

图 4.1　景观挂篮安装照片

　　景观挂篮砌块由混凝土预制而成，中间设隔板，正面一侧的上部设溢流孔，内部填入陶粒、卵石等滤料，滤料上固定棕纤维垫作为植物生长床，用来种植水生植物，其结构示意如图 4.2 所示。

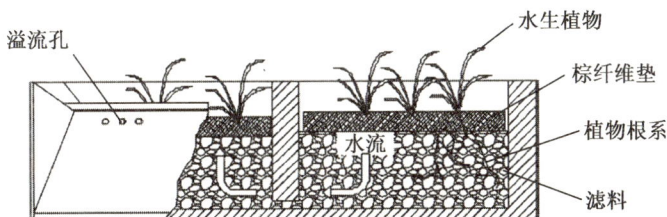

图 4.2　景观挂篮结构示意

4.2.3　技术特点

　　该项技术主要是通过植物在生长过程中对污水中的 N、P 等植物必需元素的吸收利用，及其植物根系等对污水中悬浮物的吸附作用，富集水体中的有害物质，与此同时，植物根系释出大量能降解有机物的分泌物，从而加速有机污染物的分解，随着部分水质指标的改善，尤其是溶解氧（dissolved oxygen，简称 DO）的大幅度增加，为好氧微生物的大量繁殖创造了条件，通过微生物对有机污染物、营养物的进一步分解，水质得到进一步改善，最终通过收获植物体的形式，将氮、磷等营养物质以及吸附积累在植物体内和根系表面的污染物搬离水体，使水体中的污染物大幅度减少，水质得到改善，并且可创造一定的经济效益和美化污染水体的水面景观。若采用不同花期的花卉组合，兼有美化作用。

　　该技术易受气候影响，在风速大的地方对挂篮的制作材料、固定、床体稳定性要求很高，将直接导致建造费用的增加。同时易受温度的制约，冬季大部分地区的水温较低，大多数高等植物生长代谢极其缓慢，对水体的处理效果不佳，而且一些挺水植物在冬季无法生存，其残体易引起二次污染。

4.2.4　施工方法

　　景观挂篮中间设隔板，在隔板靠近箱体后壁一侧的下部设孔隙，隔板将箱内部分成两个格室，当溢流污水由无溢流口的一侧流入景观挂篮时，其在水压力的作用下将通过隔板下的孔隙进入另一侧格室，并从溢流孔流出，从景观挂篮溢流孔流出的污水依次跌入下一景观挂篮内。景观挂篮护岸砌块用于常水位以上,护岸结构的常水位以下为鱼巢砌块,如图4.3所示。

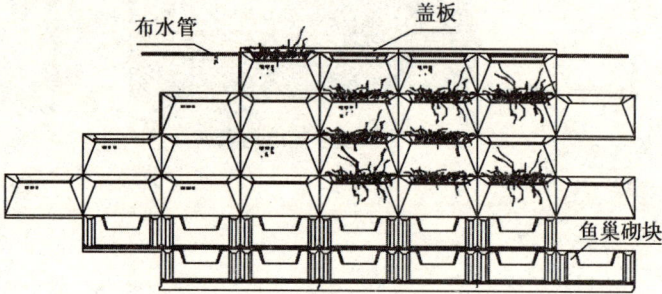

图4.3 景观挂篮安装效果示意

图4.4和图4.5分别为75°~90°倾角和45°~75°倾角时景观挂篮护岸应用示意图。

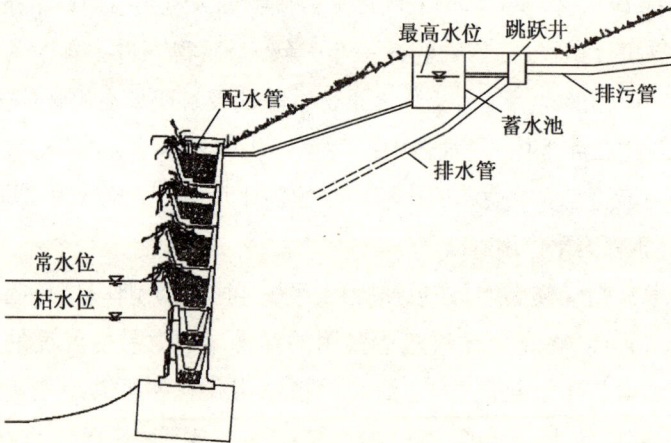

图4.4 75°~90°倾角时安装挂篮护岸应用示意

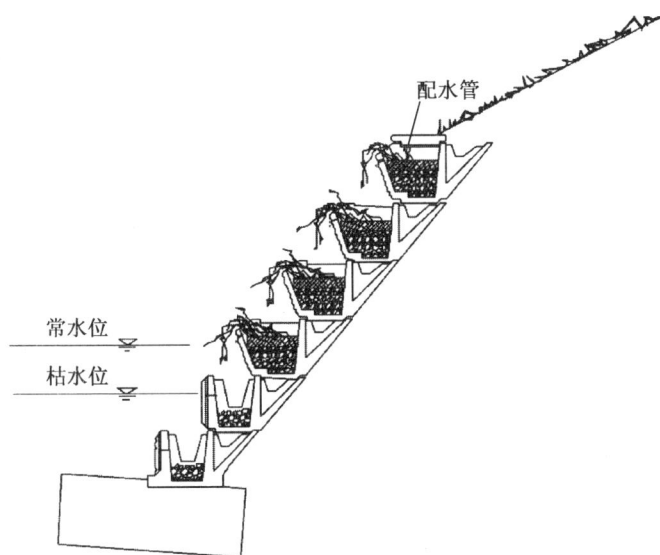

图 4.5　45°~75°倾角时安装挂篮护岸应用示意

对于已建成的浆砌石或混凝土挡土墙护岸,可通过图 4.6 所示方式,将其改造为景观挂篮护岸,即将景观挂篮砌块通过锚固螺栓固定于挡土墙护岸表面。

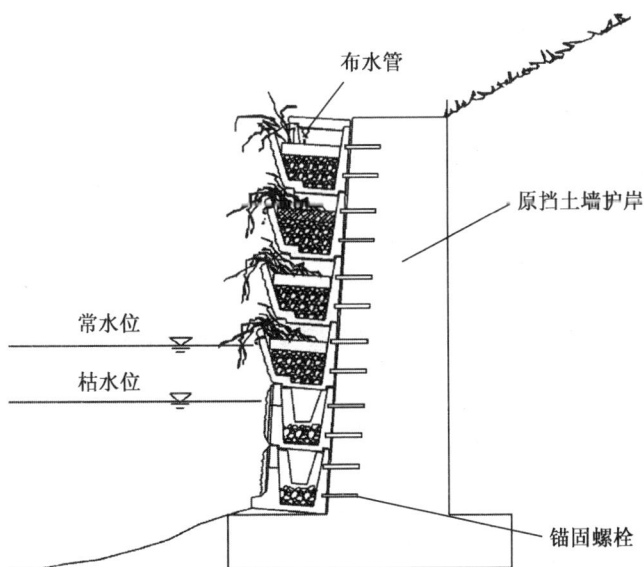

图 4.6　已有硬化护岸的挡土墙改造示意

4.2.5　维护与检查

景观挂篮本身的维护工作很少,但需要每年对植物进行收割和种植。在春天,杂草比景观植物生长得早,因此杂草比景观植物高,它遮住了阳光,阻碍了植株幼苗的生长且有碍于美观,所以需要对杂草进行及时控制清理。

4.2.6　造价指标

景观挂篮的造价主要是挂篮的制作材料和布水管的费用,但其数量不大。挂篮的制作和运行费用都非常低,一般为 30 ~ 60 元/个。

4.3　生物栅

4.3.1　适用地区

生物栅适用于全国中小城镇溢流污染的控制,适用范围广。

4.3.2　定义和目的

生物栅是以在溢流污水排入的受污染水体内搭建填料栅作为载体,并种植湿生及水生植物,悬挂生态填料,构建植物、微生物、水生动物及鸟类等生物栖息地,形成生物链来降解去除水体中的污染物,并抑制藻类的生长,从而达到净化水质的效果。生物栅示意如图 4.7 所示。

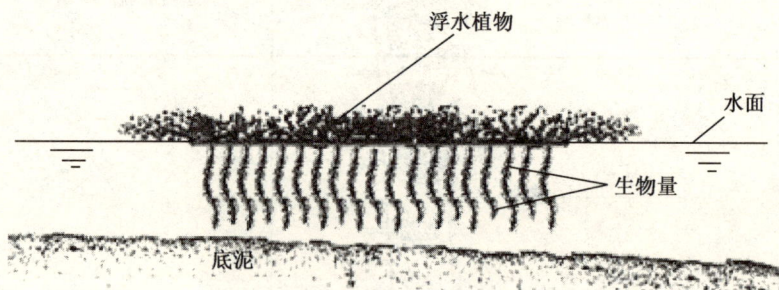

图 4.7　生物栅示意

生物栅是一种水体生态修复和净化水体的复合技术,具有脱氮、除磷、快速降解有机污染物的作用。在生物栅中,植物固定在框体中的组合填料上。植物根系在填料上自然生长,并直接与填料的塑料纤维相结合。生物栅这种植物固定方式可以发挥浮岛和人工湿地的各自优势,达到增大植物根系与水体的接触面积,加强植物自固定能力,改善根系空间分布结构的目的。通过根系与填料的结合可以增加根系微生物的数量和组合填料上生长的生物膜的数量,可以在根系与填料之间形成好氧区和厌氧区,促进营养元素的转化和去除,可以在根系和填料之间的空间和周围增大生物量,加速水体自净。

4.3.3　技术特点

集合构建的生物栅具有灵活的物理结构、方便搬运、灵活放置的特点。生物栅适用于不同的合流溢流污水的治理。

生物栅还存在一些植物、动物不能自主固定,植物根系难以在填料间展开等问题。因此,开发具有自我修复、自适应、自组织、自调节能力的生物栅,对受污染水体原位治理和生态修复有重要意义。

生物栅水体修复装置由结构框架、填料、水生植物、水生动物、生物膜、微生物 6 部分构成。其中,填料是最初应用于集中式污水处理生物膜法工艺中的。生物膜法处理污水具有速度快、处理效果好、产污泥少等特点。组合填料是生物膜反应器中常用的生物膜载体之一,具有表面积巨大,易于生物膜生长等特点。将填料引入生物栅,能够增大生物栅内生物膜的面积,快速降解有机物。填料生物膜具有一定的厚度,在生物膜内层和外层形成 DO 浓度梯度,内层 DO 浓度低,能够发生反硝化作用,是生物栅脱氮功能的重要反应区域。所以填料生物膜是生物栅中重要的处理水体要素之一。

4.3.4　设计与选型

1. 设计要求

① 生物栅应经久耐用、抗老化、无污染、耐腐蚀,长期置于水体中不宜老化,不得对水体造成二次污染,生物栅主体框架使用寿命应在 10 年以上。

② 生物栅主体要有足够的浮力(至少为 40 kg/m^2),应可承载尽可能多的植物,植物种植密度宜为 16 ～ 25 株/m^2。

③ 生物栅骨架要有一定柔性,防止在风浪中被折断或变形。

④ 生物栅框架下部必须悬挂软性填料,建议悬挂软性纤维填料,材质为维纶或聚乙烯,纤维长 120 ~ 160 mm,束距为 20 ~ 25 cm,比表面积为 1 400 ~ 2 500 m^2/m^3,孔隙率大于 90%,填料布置于植物根系间,两者不得相互缠绕。

⑤ 生物栅应易于锚固和移动,可适应水位大幅度波动,生物栅在检修时或雨季紧急情况时应易于移动。

2. 结构选型

(1) 生物栅的物理结构

生物栅的物理结构包括生物栅框架、生物栅集成植物、水生动物和填料。其构建过程可以细分为生物栅框架构建、填料构建、植物构建和集合构建等几个部分。

① 框架结构。生物栅框架的主要功能是固定填料,保持整个装置的形状,在承受一定外力的作用下维持生物栅所占空间,保证其内部结构的正常工作。同时,生物栅框架对生物栅的运输、造景起到支撑和保护的作用。生物栅框架选用的材料要有一定的机械强度,具有质量轻、耐腐蚀、可重复利用、价格便宜、对环境影响小的特点。毛竹是一种很理想的生物栅框架材料。

② 填料。填料在生物栅框架结构中以填料串的形式间隔一定距离竖直固定在框架空间内,具体结构如图 4.7 所示。填料的具体固定方式是在生物栅框架上下两面,以一定距离,在水平方向上平行结绳,然后将填料串按一定距离垂直固定在水平的结绳上。

③ 水生植物。生物栅水生植物的最初固定方式是用棉毡包裹植物根茎交接处,用绳将植物固定,防止植物倒伏。待植物根系与填料纤维交织生长后撤掉固定植物用的绳和棉毡,植物依靠根系的支持力量自固定在填料上,即植物自固定。将具有能在遮盖物下生存的生活习性的水生动物直接投放在生物栅内。生物栅中的填料先固定在生物栅框架上,然后将其放入待修复水体中自然挂膜。

④ 物理构建。将框架、填料、水生植物、水生动物集合构建的生物栅可以将植物根系完全暴露在水体中,植物根系在不同填料串之间伸展,并自固定在不同的填料串上。植物根系这样的生长方式会使植物在水体空间内充

分伸展,并形成相对固定的空间根系分布结构。这种结构增大了植物根系控制水体的面积,也提高了植物的自固定能力。由于填料串以绳结的方式固定在框架上,在外力的作用下,填料串可以在小范围内摆动。植物自固定在填料串上,风等外力作用在植物上时,植物可以带动填料串摆动。这种摆动能够缓冲外力,起到保护植物根系的作用。而不同株植物之间交叉固定在填料串上,对整个生物栅整体起到加固的作用。植物根系在与填料纤维交织生长过程中对填料纤维的空间分布也起到改善作用。而填料与植物根系表面都有生长生物膜,植物与填料将会形成面积巨大的生物膜。

（2）生态结构

① 植物筛选。根系是植物处理水体的主要器官,也是微生物主要的生长载体,同时也是水生动物的主要栖息地。生物栅要求所用植物必须有发达的一级根系,且二级根系均匀,三级根系茂盛,能够与填料结合牢固,并有较大的接触面积。所选植物或者挺水或者沉水,必须具有叶片和组织不易脱落的特点,同时植物还要有较强的抗病虫害能力。所选用的植物应当便于管理和种植,具备二次利用的潜在用途。

② 动物筛选。生物栅装置中的鱼种和软体动物应当具有宜于存活,耐污性强,能够在复杂环境下穿梭运动,抗病性强,有选择复杂环境作为栖息地的生活习性,自然分布广的特征。试验用鱼在装置内活动范围大,能够使溶解氧在水中向下层运输。

③ 微生物系统构建。生物膜是生物栅内分解有机物、转化毒素的最主要结构,是生物栅体系内食物链的最底端一环,既是大量有机物的分解者,也是微生态系统的生产者。生物膜的数量与活性直接影响生物栅的处理效率,也直接影响微生态系统的稳定性。

生物栅内的生物膜可以通过人工挂膜和自然挂膜两种方式形成。在自然轻度富营养化水体中,细菌和浮游动物种类丰富,进行挂膜后可以在填料和根系表面较快地富集较多种类的细菌和浮游动物。人工配水中的营养丰富且比例适中。投加活性污泥等含有丰富细菌和浮游生物的生物原液可以较快地促进生物膜的生长,但生物种类限于投加的生物原液中所含有的菌种。

4.3.5　维护与管理

受气温的影响,冬天生物栅内的植物会枯萎,生物膜活性会下降,需要对枯萎的植物进行清理。必要时需要通过曝气来提高生物膜上微生物种群的丰富度,减小温度对其的负面影响。若生物栅长期运行,则需要设置底泥排除系统。生物栅的具体维护措施包括:

① 根据水生植物的生长规律,分批对生物栅上的植物进行收割,增加污染物的输出,减少枯枝落叶对水面景观的影响。

② 对生物栅进行人工看护,预防路人抛扔垃圾、损坏设施。

③ 根据河道结冰情况和水生植物的生长特性,对生物栅上的植物进行保暖覆盖。

④ 根据需要对生物栅上的植物进行补种。

4.3.6　造价指标

生物栅的造价约为 $200 \sim 400$ 元$/m^2$。

4.4　两栖浮床

4.4.1　适用地区

两栖浮床适用于河滨水体的生态修复,以两栖浮床作为植物护坡,可满足感潮河段不同水位变化条件下护坡植被能同时生于水中和陆地的情况。

4.4.2　定义与目的

两栖浮床是指包含在岸边土壤净化床和水中近岸设置浮床组成的溢流污水净化系统。浮床由可载重的浮动载体、提供水分和养分的保水材料和基质营养材料以及湿生植物搭配所组成。它将植物种植于床体上,利用植物根系吸收水体中的污染物,同时利用植物根系附着的微生物降解水中的污染物从而有效地进行水体修复。换言之,它提供了一种资源化利用受污染水体中营养盐的新途径。

生物浮床的目的有:接触氧化,增加水体生物接触氧化的边缘面积,起到水体净化功能;脱氮除磷,利用浮床植物,吸附和吸收水中的营养物;景观功能,茂盛的植物映在水中的美丽倒影,成为让人叹为观止的景观;水生乐园,为水生动物提供一个免受干扰的乐园;水上氧吧,空气清新,调节小气候;调控功能,调节水温,防止和控制藻类发生;造型组装结构新颖,植物造型与色彩可随意组合,便于管理。

两栖浮床在水位下降时覆盖在护坡上,在水位上升时浮于水面。两栖浮床示意如图4.8所示。两栖浮床的最重要的应用目的是保证护坡植物会随水位变化浮动,而不会在涨潮时被淹没破坏。

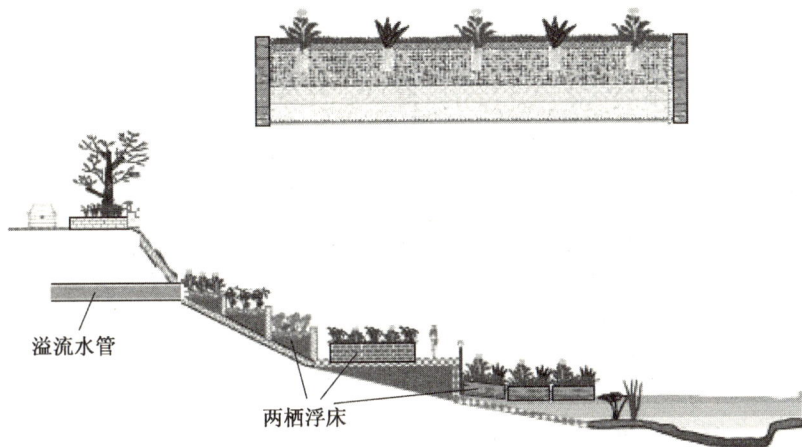

溢流水管

两栖浮床

图4.8　两栖浮床示意

4.4.3　技术特点

浮床的净化作用:一方面,浮床利用表面积很大的植物根系在水中形成浓密的网,吸附水体中大量的悬浮物,并逐渐在植物根系表面形成生物膜,膜中微生物吞噬和代谢水中的污染物成为无机物,使其成为植物的营养物质,通过光合作用转化为植物细胞的成分,促进其生长,最后通过收割浮岛植物和捕获鱼虾减少水中的营养盐;另一方面,浮床通过遮挡阳光抑制藻类的光合作用,减少浮游植物的生长量,通过接触沉淀作用促使浮游植物沉降,有效防止"水华"发生,提高水体的透明度。其作用相对于前者更为明显,同时浮床上的植物可供鸟类栖息,下部植物根系形成鱼类和水生昆虫的生息环境。

两栖浮床的主要技术特点有:

① 净化水质能力强。人工基质无土栽培经济植物净化富营养化水体试验结果显示,多花黑麦草、水雍菜对 N 的去除率达到 80% 以上,对 P 的去除率可达约 90%,水芹对 N、P 的去除率达到 95% 以上。在太湖典型富营养化水域所进行的种植美人蕉辅以空心菜、旱伞草,冬季套种黑麦草的试验表明,通过三季收获的植物带走的 N、P 总量远远超过其基础总量 P 的最高去除量,高出近 40 倍,水质均由原来的劣于 5 类上升到 3 类,透明度从原来的45 cm 增加到 180 cm 以上。

② 不易产生二次污染,易于管理。水葫芦、浮萍等水生植物容易过度繁殖和老化死亡,其残体的腐败与分解增加了系统的有机负荷,且如果管理不善就会造成灾害性后果。而浮床无土栽培植物则易于管理,富集吸收水中营养物质和污染物后,经过定期收割和更换,能很轻易地从水中移走污染物,不会因植物的衰败而再次向水中释放营养物质,引起水体的二次污染。

③ 产生经济效益。在水域中放养凤眼莲等水生植物净化水质,虽收到一定效果,但由于大部分水生植物难以产生直接的经济效益,因此易产生后遗症。利用经济植物净化富营养化水体,既改善了富营养化水体水质,获得环境效益,又有利于经济作物的生长,从而得到经济效益。

④ 实现景观效应。水生植物可以通过挺水植物、漂浮植物、浮叶植物和沉水植物的相互搭配而形成优美的景观效应,但是如果水体透明度很低,不适宜沉水植物的生长。当挺水植物与其他植物进行光照竞争时,往往就会产生某种优势植物生长的局面。而自然水域进行浮床植物种植时,就如同在陆地上,可以形成百花齐放的场景。

浮床能有效去除水体污染,抑制浮游藻类的生长,其原理是通过植物在生长过程中对水体中 N、P 等植物必需元素的吸收利用,及其植物根系和浮床基质等对水体中悬浮物的吸附作用,富集水体中的有害物质。与此同时,植物根系释出大量能降解有机物的分泌物,从而加速有机物的分解,随着部分水质指标的改善,尤其是 DO 大幅度增加,为好氧微生物的大量繁殖创造了条件,通过微生物对有机污染物、营养物的进一步分解,水质得到进一步改善,最终通过收获植物的形式,将 N、P 营养物质以及吸附积累在植物体内和根系表面的污染物搬离水体,使水体中的污染物大幅度减少,水质得到改善,从而为高等水生植物的生存、繁衍创造生态环境条件,为最终修复水生系统提供可能。所以,植物的选择是两栖浮床的重点。筛选适合于浮床上栽培、去污能力强,且具有一定观赏性的湿生植物。该植物既能满足水生植物的生长特性,又能满足一定的耐旱陆生植物的特性。同时也要妥善把握植物的种植间距,达到既美观又增加护坡植物丰度的目的。

两栖浮床中浮动载体是整项技术的核心,其所提供的浮力要能承载所有的重物;保水材料和基质营养材料是整项技术的关键,它们所提供的水分和养分能够满足植物生长的需求。

两栖浮床在材料的选取上要求较高。浮床植物要求为易栽培,密度小,去污能力强的湿生植物。因为其常用于生态修复,既要求有一定的观赏性,还要求符合使用区的气候条件,所以,浮床植物选择范围小,培养过程比较复杂。

4.4.4　设计与选材

1. 浮床的设计原则

生态浮床有多种类型,能实现不同的功能。应根据不同的目标、水文水质条件、气候条件和费用,进行浮床的设计,并选择合适的浮床类型、结构、材质和植物。浮床的设计必须综合考虑以下 5 个因素:

① 稳定性。从浮床选材和结构组合方面考虑,设计出的浮床需能抵抗一定的风浪水流的冲击而不至于被冲坏。

② 耐久性。正确选择浮床材质,保证浮床能历经多年而不会腐烂,能重复使用。

③ 景观性。考虑气候水质条件,选择成活率高且去除污染效果好的观赏性植物,能给人以愉悦的享受。

④ 经济性。结合上述条件,选择适合的材料,适当降低建造的成本。

⑤ 便利性。设计过程中要考虑施工、运行、维护的便利性。

2. 浮动载体材料的选择

浮床的外观形状有正方形、三角形、长方形、圆形等多种。另外,浮床还可以根据其结构分为有框架型和无框架型两种。有框架的浮床,其框架一般可以用纤维强化塑料、不锈钢加发泡聚苯乙烯、特殊发泡聚苯乙烯加特殊合成树脂、盐化乙烯合成树脂、混凝土等材料制作。无框架浮床一般是用椰子纤维编织而成,对景观来说较为柔和,且不必顾及相互间的撞击,耐久性也较好;也可采用合成纤维作植物的基盘,然后用合成树脂包起来的做法。据统计,目前有框架型人工浮床应用较多,约占70%。国内使用最多的是泡沫板,根据植物体的大小选用合适的间距和孔径打孔,每孔扦插或隔孔扦插。在植株茎基部包裹适量海绵,插入泡沫板的小孔中。将栽培好植物的泡沫板放入受试水体中,用竹片和软绳连接起来。浮床整体组装完成后,四周固定,浮床即构建完成。

　　3. 浮床植物的选择

　　根据生态学原理及低成本的要求,水生植物选种的原则是尽可能优先选用当地品种,适当考虑引进外来优良品种。同时,在选取水生植物时还要考虑以下几方面的因素:

　　① 具有较好的水质净化功能。水生植物对污水中的 BOD_5、COD、TN、TP 主要是靠附着生长在根区表面及附近的微生物去除的,因此应选择根系比较发达的水生植物。

　　② 抗逆性强。抗逆性主要包括以下 3 个方面:

　　a. 耐污能力。由于人工湿地中的植物根系要长期浸泡在水中并接触浓度较高且变化较大的污染物,因此所选用的水生植物耐污能力一定要强,这样既可以保证植物的正常生长,也有利于提高人工湿地的污染物净化能力,最重要的是,可以增强植物根际微生物系统的作用,达到净化的最佳效果,所以一般应选用当地或本地区天然湿地中存在的植物。

　　b. 抗冻、抗热能力。由于污水处理系统是全年连续运行的,故要求水生植物即使在恶劣的气候环境下也能基本正常生长。

　　c. 抗病虫害能力。污水生态处理系统中的植物易滋生病虫害,植物的抗病虫害能力直接关系到植物自身的生长与生存,也直接影响其在处理系统中的净化效果。

　　③ 易管理。简单、方便是人工湿地生态污水处理工程的主要特点之一。若能筛选出净化能力和抗逆性均较强的植物,将会减少许多管理上尤其是

对植物体后处理的麻烦。

④ 综合利用价值高,资源化程度高。植物便于再利用,如用作饲料、肥料、沼气、药材等。

⑤ 美化景观。由于城镇污水的处理系统一般都靠近城郊,同时占地面积较大,故美化景观也是必须考虑的。

⑥ 考虑物种间的合理搭配。为了增强污水处理系统的污染物净化能力和景观效果,有利于植物的快速生长,一般在系统中选择一种或几种植物作为优势种搭配栽种。根据环境条件和植物群落的特征,按一定比例在空间分布和时间分布方面进行安排,使整个生态系统高效运转,最终形成稳定可持续利用的生态系统。但同时要考虑到不同种类的植物生长在一起,不仅其污染物净化能力和景观效果差异较大,而且存在着相互之间的作用。其相互作用包括两个方面:其一是不同种类的植物对光、水、营养等资源的竞争;其二是植物之间通过释放化学物质,影响周围植物的生长。

4.4.5   维护与管理

两栖浮床的维护有湿生植物的管理和再种植、浮动载体的养护以及保水材料和基质营养材料的更换三部分。

当湿生植物生长到衰亡期或处理水体的水质出现大幅度变动时要对植物进行再种植。此过程工作量较大,但是发生频率小,一般的湿生植物只需在其生长周期内进行适当的管理和维护即可。

浮动载体的养护根据选用的浮动载体材料的不同而不同。由于载体是户外设备,因此需要定期检查其完整性,防止由于潮汐或风力的影响而产生载体缺失现象。

保水材料和基质营养材料要定期检查更换,保证植物的营养供给。

4.4.6   造价指标

两栖浮床的造价相较于普通的生态浮床投入略高,但是相较于其他的处理方式,两栖浮床的总投资还是比较低的,经过核算,大概每处理 1 m^2 河面的投入是 150 ～ 250 元。但是不同材料和地区会产生不同的造价,总体来看,其后期收益是远大于前期投入的。

4.5　人工湿地

4.5.1　适用地区

　　由于特色和优势鲜明,人工湿地具有广阔的应用前景。它可以建在市郊结合部(见图4.9),也可以建在污水处理厂出水处附近。一些人工湿地属于预处理型,在目前还不具备建造污水处理厂的城乡结合部建造人工湿地,溢流污水排入其中,利用所种植物对其进行处理,然后将其排入自然水系,保护水体。

图4.9　人工湿地的应用

4.5.2　定义与目的

　　人工湿地是一种通过人工设计、改造而成的半生态型污水处理系统。它是为处理污水而人为地在有一定长宽比和底面坡度的洼地上用土壤和填料(如砾石等)混合组成填料床,使污水在床体的填料缝隙中流动或在床体表面流动,并在床体表面种植具有性能好,成活率高,抗水性强,生长周期长,美观及具有经济价值的水生植物(如芦苇、蒲草等)形成一个独特的生态体系。人工湿地对改善环境和提高环境质量有明显的作用,它增加了植被的覆盖率,保持了生物的多样性,减少了水土流失,改善了生态环境。同时也能够让人们认识到污水处理的重要性和人工干预(生态建设)下环境恢复的可能性及人为保护下的自然界的自我平衡能力。

4.5.3　技术特点

根据湿地中主要植物的形式,人工湿地可分为:① 浮游植物系统;② 挺水植物系统;③ 沉水植物系统。其中沉水植物系统还处于实验室研究阶段,其主要应用领域在于初级处理和二级处理后的精处理。浮游植物主要用于N、P 的去除和提高传统稳定塘的处理效率。目前一般所指的人工湿地系统都是指挺水植物系统。挺水植物系统根据废水流经的方式,可分为表面流湿地(SFW)、潜流湿地(SSFW)和立式流湿地(VFW)。表面流湿地和立式流湿地因环境条件差(易滋生蚊虫),处理效果受气温影响较大以及对基建要求较高,现多不再采用,故人工湿地大部分采用潜流湿地系统。而潜流湿地又可按水流方向分为水平潜流湿地和垂直潜流湿地,其结构示意如图 4.10所示。

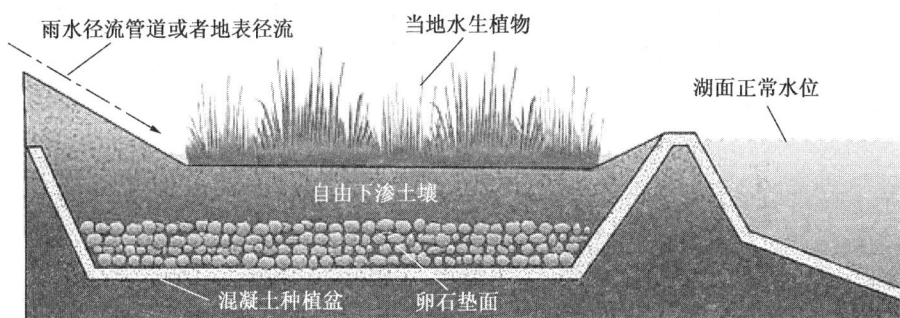

图 4.10　潜流湿地结构示意

人工湿地净化污水主要由土壤基质、水生植物和微生物三部分完成。人工湿地去除的污染物范围广泛,包括 N、P、SS、有机物、微量元素、病原体等,且对其都有较好的去除率。在进水污染物浓度较低的条件下,人工湿地对 BOD_5 的去除率可达 85% ~ 95% ,COD 的去除率可达 80% 以上。处理出水中 BOD_5 的浓度在 10 mg/L 左右,SS 的浓度小于 20 mg/L。污水中大部分有机物作为异样微生物的有机养分,最终被转化为微生物体及 CO_2 和 H_2O,出水水质基本能够达到城市污水排放标准的一级标准。

目前,人工湿地主要应用于处理生活污水、工业废水、矿山及石油开采废水以及水体富营养化控制等方面,应该加强对管理水平不高,资金短缺,土地资源相对丰富的小城镇污水进行处理的人工湿地的工程应用。

表面流湿地处理系统的优点是投资及运行费用低,建造、运行和维护简单。缺点是在同等处理效果下,其占地面积大于潜流湿地;冬季表面流湿地表面易结冰,夏季易繁殖蚊虫,并有臭味。

潜流湿地的优点在于其充分利用了湿地的空间,并发挥了系统间的协同作用,且卫生条件好,但建设费用较高。

4.5.4　设计与选型

由于各个地区的气候条件、污水类型和负荷、湿地规模和构造的区域差异性比较大,人工湿地工程在建设和运行维护的过程中没有统一的设计和运行参数,应当根据实际情况因地制宜地进行设计和运行。

在实际应用过程中,不同类型的湿地可通过串联或并联的方式进行组合应用,以达到逐级削减水中污染物负荷的目的。多级湿地组合不仅可以充分体现各种类型湿地的优点,而且具有较稳定的去除率,抗干扰能力强,受季节影响不大。常见的组合方式有表面流与水平潜流湿地的串联和并联组合、水平潜流与垂直潜流湿地的串联组合等。

在设计建设人工湿地系统时,首先确定污水的水量和水质,并根据当地的地质、地貌、气候等自然条件选择合适的人工湿地类型,然后根据相应的湿地类型进行设计。设计时需要考虑人工湿地系统内的水力状况、植被搭配、湿地床结构、湿地面积、污染负荷、进水和排水周期等诸多因素。

（1）水文因素设计

为保证人工湿地的长期净化效果,在设计时应考虑水文因素和湿地生态特点之间的关系。污水的水质、流速、水量等水文条件都影响着湿地基质材料的物理、化学特性,从而影响污染物的沉淀、氧化、生物转化和土吸附等过程。因此,人工湿地在设计时必须重点考虑水的流速、湿地内最高水位和最低水位、水流的均匀分布等水文因素,因此也需注意季节和天气的影响、地面水的状况和土壤的透水性等对水文产生间接影响的因素。表流人工湿地水位一般为20～80 cm,潜流人工湿地水位则一般保持在土表面下方10～30 cm,并根据待处理的污水水量等情况进行调节。

　　在进行人工湿地设计时,需重点考虑造成湿地堵塞的各种影响因素。湿地堵塞多发生在系统床体前端 25% 左右的部分,造成堵塞的物质大部分为无机物。这表明污水中的颗粒物在湿地床中的沉淀是造成湿地堵塞的主要原因。此外,植物根系及其附着物等也是湿地堵塞的一大诱因。在湿地的设计中,应尽可能在湿地前段设计一个沉淀池或塘,减少湿地中颗粒物的输入。

　　此外,有应用研究表明,部分湿地堵塞在第一年的运行中很快形成,随后没有明显的扩散,悬浮物或植物碎屑的积累与堵塞或溢流的形成没有相关性。造成此类堵塞的原因是建设活动而不是持续的生化反应。在湿地建设过程中可能在运输过程中将许多无机物(土、岩石碎屑粉等)带入系统。因此,在人工湿地建设过程中应尽量避免建设对湿地系统的影响,并且在湿地入口处设置大颗粒的基质,以防在湿地系统前段就发生堵塞。

　　(2) 水力因素设计

　　人工湿地系统的水力因素主要包括水力负荷、水力梯度、水力停留时间、污染负荷、坡度等。在实际应用过程中,人工湿地一般与其他技术组合使用,以提高系统的稳定性。最常见的组合方式就是在污水进入人工湿地之前设置前处理系统以减轻污水对人工湿地系统水力负荷和污染负荷的影响。最常见的前处理系统一般为化粪池、沉淀池、沉砂池等,它们既可沉淀污水中的大部分 SS,防止人工湿地的堵塞,又可去除部分 COD 和 BOD_5,提高整个系统的净化效果,还能初步混合不同污染程度的污水,缓冲水力负荷和污染负荷等。

　　人工湿地一般采用小到中等砾石(粒径小于 4 cm)作为基质材料,在建设过程中要保证建设质量,尽量把水文死角区减到最少。在最小的水力梯度条件下,潜流人工湿地系统的设计流量(Q)可以采用以下公式进行估算:

$$Q = (Q_{进水} + Q_{出水})/2 \qquad\qquad (4.1)$$

　　湿地床的构型对湿地系统的水力状况有重要影响,构型参数包括长宽比、坡度、深度等。根据工程经验,人工湿地系统的坡度宜为 0.5% ~ 1%,长宽比应大于 2,深度的波动范围为 0.2 ~ 0.8 m。

　　人工湿地设计时应尽量采用重力流的布水方式,以保证排水顺畅,节省能源。另外,湿地的出水口应设计为可调的,以便使整个湿地床体的水位可以人为调控。

人工湿地的水力负荷根据污水量和湿地类型的不同差异比较大,一般来说,潜流湿地的水力负荷大于表面流湿地的水力负荷。国内外最常见的水力负荷为 10 ~ 20 cm/d,水力停留时间为 0.5 ~ 7 d。

（3）湿地面积设计

人工湿地的设计面积根据拟处理的水量确定,包括常规的污水量和汇流区域内的暴雨径流量。湿地的最大占地面积 S 为总处理水量 Q 与设计水力负荷 A 之比,可以按下面的公式近似估算:

$$S = (Q_{污水量} + Q_{径流量})/A \tag{4.2}$$

（4）水生植物选择

湿地水生植物主要包括挺水植物、沉水植物和浮水植物。不同的区域,不同的生长环境,适宜生长的湿地植物的种类是不同的。人工湿地一般选取处理性能好、成活率高、抗污能力强且具有一定美学和经济价值的水生植物。这些水生植物通常应具有下列特性:

① 耐污能力和抗寒能力强,对不同的污染物采用相应的植物种类。

② 选择在本地适应性好的植物,最好是本地植物。

③ 根系发达,生物量大。

④ 抗病虫害能力强。

⑤ 最好有广泛的用途或经济价值。

研究表明,不同的植物类型对不同的污染物质具有一定的针对性。对 N、P 的去除效果较好的湿地植物有茭白、芦苇、水竹、灯芯草。由芦苇-水葱、茭白-菖蒲、草-苔草等植物组合的垂直流人工湿地系统的除磷效率以及稳定性均高于无植物对照组,除磷率为 40% ~ 65%,且对藻毒素有一定的去除作用。对重金属有较好去除作用的植物有:① 宽叶香蒲。其对 Pb、Zn、Cd 等重金属有较好的去除作用。② 宽叶香蒲和黑三棱。它们是摄取同化、吸附富集高速公路径流油类、有机物、Pb 和 Zn 的较适宜的植物种类。③ 风车草。其能吸收富集水体中 30% 的 Cu 和 Mn,对 Zn、Cd、Pb 的富集也在 5% ~ 15%。④ 白骨壤等。选择白骨壤模拟人工湿地处理污水时发现,它对重金属有良好的净化效果。⑤ 多花黑麦草等。用多花黑麦草处理黄金废水,得出其具有净化与回收的双重功效。不同的湿地植物的去污效果也有所不同。

影响人工湿地处理效果的因素有植物生长的季节性和植物的衰退,如直接损伤、擦伤、水质和基质的不同组成、水位的高低以及富营养状态都能引起水生植物的衰退。因此,目前对人工湿地中水生植物的研究应集中于人工湿地生境条件下水生植物的生理生态研究,并结合不同地区、不同污水的特征筛选出抗性强、净化效果好的工程植物,为进一步发挥植物在人工湿地中的作用和完善人工湿地污水处理技术提供依据和手段。

(5) 基质材料选择

基质,又称填料,是人为设计的,由不同大小的砾、砂、土颗粒等按一定厚度铺成的,供植物生长、微生物附着的床体。该体系具有过滤、沉淀、吸附和絮凝等作用,能将水体中的 SS 或 N、P 等营养物质有效去除。同时,其为植物、微生物的生长以及 O_2 的传输提供了必要条件。自由表面流系统多以土壤为基质,潜流与垂直流系统则根据不同的特征污染物选择不同的基质,同时还须考虑经济性、易于取材等因素。以 SS、BOD 和 COD 为特征的污水,须根据水力停留时间、水容量以及出水水质等因素选择土壤、细砂、砾石、瓦片或灰渣中的一种或多种为填料。以 P 为特征的污水,最好首选飞灰和页岩作为填料,其次是铝矾土、石灰石和膨润土等;泡沸石与油页岩对 P 的吸附能力较差,不宜选用。

基质对废水中 P 和重金属离子的净化影响最大,含 Ca、Fe、Al 等成分的填料有利于离子交换。Ca、Mg 等成分和污水中的 P、重金属相互作用形成沉淀;Fe 离子、Al 离子等和污水中的 P、重金属相互作用形成沉淀;Fe 离子、Al 离子等通过交换等作用将 P、重金属吸附于基质上。但随着时间的推移,基质对 P 和重金属的吸附会达到饱和,湿地除 P 和重金属的能力明显下降。

在确定选择的基质材料种类后,还应确定基质的大小,以调整湿地的水力传导率和空隙率。一般来说,小粒径基质具有比表面积大、空隙率小、植被根及根区的发展相协调、水流条件接近层流等优点。但目前人工湿地的基质一般倾向于选择粒径较大的介质,以便具有较大的空隙和良好的水力传导性,从而尽量克服湿地堵塞问题。

此外,基质的选择还应考虑便于取材、经济适用等因素。

（6）具体设计参数

① 人工湿地床的形式。人工湿地床一般采用垂直流湿地床多级串联，也可采用垂直流湿地床与水平流湿地床组合的形式。选择有利于垂直流湿地床与水平流湿地床相组合的地形。垂直流湿地床串联一般为 4 ～ 5 级，为使湿地床水流均匀，减少死角，可视总面积将湿地床多组并排或多级分床串联。

② 人工湿地床的布水方式。人工湿地床与二级厌氧发酵池串联，第一级湿地床底部的水由隔墙的 5 cm × 5 cm 方孔引入，上行流至第一级湿地床与第二级湿地床之间的隔墙顶部经汇水堰（亦为布水堰）进入第二级湿地床，水下行流至第二级湿地床与第三级湿地床隔墙花格孔进入第三级湿地床，水上行流至第三级湿地床与第四级湿地床之间的隔墙顶部经汇水堰（布水堰）进入第四级湿地床，水再下行流至第四级湿地床与第五级湿地床之间的隔墙花格孔进入第五级湿地床，然后水上行流至第五级湿地床顶部经汇水堰渠或齿形汇水槽，由 ϕ200UPVC 管排放出去。布水堰（汇水堰）顶应水平。亦可由二级厌氧发酵池出水排入一级湿地床前沿齿形槽布水，水下行流至床底部隔墙花格孔或隔墙顶部堰向下级床布水，若五级床串联则由末级床底板穿孔汇水管引水到集水井排放；若四级床串联，由末级床填料表层池壁处设齿形汇水槽排放。

在布水墙花格孔或布水堰的布水面 10 cm 断面内，配置粒径为 30 ～ 40 mm 的砾石或碎石，使水流均匀流过湿地床断面。

③ 人工湿地床的填料（粒径、级配、厚度、材质）。一级湿地床填料粒径为 10 ～ 40 mm，厚度为 0.83 m；二级湿地床填料粒径为 10 ～ 30 mm，厚度为 0.81 m；三级湿地床填料粒径为 7 ～ 20 mm，厚度为 0.79 m；四级湿地床填料粒径为 5 ～ 15 mm，厚度为 0.77 m；五级湿地床填料粒径为 1 ～ 3 mm，厚度为 0.75 m。

一至四级湿地床填料为建筑碎石、石灰石、碎砖等，五级湿地床填料为砂，砂粒径级配主要为滤清出水，使悬浮物达标。若四级湿地床串联，二级湿地床填料粒径为 10 ～ 25 mm，三、四级湿地床分别采用四、五级湿地床填料粒径。

污水在填料表层 3 cm 以下流动，防止蚊蝇滋生，水面以上称为保护层，保护层材质可用石屑、煤屑、砂或复土等。

一级至五(四)级人工湿地潜流总长度为 3.08 m,一般潜流过程总停留时间达 31 h 左右,径流速度达 9.9～12 cm/h。

④ 人工湿地植物的选择。人工湿地植物应因地制宜地选择,总体要求其耐水性好、根系发达、多年生、耐寒,具有吸收 N、P 量大,兼顾观赏性、经济性。目前常用的有芦苇、香蒲、菖蒲、美人蕉、风车草、水竹、水葱、大米草、鸢尾、蕨草、灯芯草、再力花等。水芹、空心菜已试用于湿地,亦显较好效果。栽种方法视植物而定,一般每平方米 8～10 穴,每穴栽 2～3 株,亦可用行距 10 cm,簇距 15 cm 控制。

据有关专家和资料介绍,香根草具有旱生和水生特点,在完全淹水条件下也能正常生长,抗逆性强。其在气温为 -15 ℃～55 ℃,年降水量为 200～600 mm,pH 值为 3.8～10.5,高盐、强碱的环境下均能正常生长。香根草根系发达紧密,根粗 1～2 mm,根深 2～3 mm 以上,不会自然扩散蔓延成杂草。它具有较高的拦截悬浮物,吸附、吸收有机质的能力和高效净化污水能力。它对水体中总 N 去除率达 70%,氨氮的去除率达 91%,总 P 去除率达 93%,COD\BOD 去除率分别达 90% 和 80%。香根草叶是牛羊饲料,可作编织品和培养食用菌的原料。现已引进在如皋、靖江两地试用,如果证实上述效果,则人工湿地床径流部分可埋深至 1.5～3 m 处,湿地填料厚度可增至 1～1.2 m,负荷提高至 0.75～0.8 m³/(m²·d),可减少占地面积。在填料上方复填煤屑、石屑、砂(或煤屑 + 土)至地面平,再栽种香根草,消除人工湿地床低于地面落差空间和担心蚊虫滋生以及气味问题。香根草栽种方式为棵距 30～40 cm,每棵 8～10 株。

4.5.5　建筑材料与施工方法

建筑施工过程中有可能导致湿地系统的堵塞。因此,人工湿地在建设过程中应合理安排施工次序,尽量减少颗粒态污染物的带入。

人工湿地在建设过程中涉及的建筑材料主要包括砖、水泥、沙子、碎石、土等。人工湿地的施工主要包括土方的挖掘、前处理系统的修建、土方防渗膜的铺装、布水管道的铺设、基质材料的填装、土的回填(厚度至少为 10 cm)和植物的种植。在施工过程中要合理安排施工顺序,严格按照湿地设计中配水区、处理区和出水集水区中各种基质材料的粒径大小,分层进行施工。

人工湿地的防渗层一般需要根据污水中污染物的种类和当地的地下水埋深决定。当污水为工业废水或者污染物浓度较高、重金属含量较高、地下水位较浅等情况时,水中污染物可能危害地下水体,应严格要求修建防渗层。采用防渗效果较好的人工防渗膜或多层塑料布。而对于污水污染物种类简单、含量较少,且无有毒有害物,地下水位较深的情况,在修建防渗层时可以简化。人工湿地的防渗层一般采用当地的黏土,厚度至少为 10 ~ 15 cm,进行夯实处理后就能起到防渗的作用,且成本较低。

人工湿地生态技术往往与其他环境工程技术配合使用,其中最常见的前处理包括化粪池、沉淀池或塘、油水分离器等,主要用于暂时储存污水,为污染物的后续净化提供充分的沉淀和净化空间。

人工湿地在建设过程中涉及的设备主要包括土工布、布水管、潜水泵等。它涉及的设备较少,机械设备简单,且易于运行维护与管理。

4.5.6　维护与检查

人工湿地的维护主要包括三个方面:水生植物的重新种植、杂草的去除和沉积物的挖掘。当水生植物不适应生活环境时,需调整植物种类,并重新种植。植物种类的调整需要变换水位,如果水位低于理想高度,可调整出水装置的水位。杂草的过度生长也给湿地植物的生长带来许多问题。在春天,杂草比湿地植物生长得早,遮住了阳光,阻碍水生植株幼苗的生长。杂草的去除将会增强湿地的净化功能和经济价值。实践证明,人工湿地的植被种植完成以后就开始建立良好的植物覆盖,并进行杂草控制是最理想的管理方式。在春季或夏季,建立植物床的前 3 个月,用高于湿地床表面5 cm的水深淹没可控制杂草的生长。当植物经过 3 个生长季节,就可以与杂草竞争。由于污水中含有大量的悬浮物,湿地床的进水区易产生沉积物堆积。湿地床运行一段时间,需挖掘沉积物,以保持稳定的湿地水文水力特性及净化效果。

人工湿地植物栽种初期的管理及日常维护,主要注意以下几方面:

① 人工湿地植物栽种初期的管理主要是保证其成活率。湿地植物栽种时间最好为春季,此时植物容易成活。如在冬季栽种应做好防冻措施,如在

夏季栽种应做好遮阳防晒。总之,要根据实际情况采取措施确保栽种的植物能成活。

② 控水。植物栽种初期为了使植物的根扎得比较深,需要通过控制湿地的水位,促使植物根茎向下生长。

③ 做好日常护理,防止其他杂草滋生和及时清除枯枝落叶,防止其腐烂污染水体。

④ 暴风雨后,湿地床上植物发生歪倒,要及时扶培,排除积水。

⑤ 对不耐寒的植物在冬季来临之前要做好防冻措施或及时收割。

4.4.7　造价指标

综合国内外的研究实践经验,人工湿地的投资和运行费一般仅为传统的二级污水厂的 $1/10 \sim 1/2$,具有广泛应用推广价值,尤其适用于经济发展相对落后的市郊、中小城镇及广大的农村地区。具体的投资费用视地理位置、地质情况以及所采用湿地的基质而有所差别,但大体上,表流人工湿地建设投资费用约为 $150 \sim 200$ 元/m²,潜流人工湿地建设投资费用约为 $200 \sim 300$ 元/m²。

4.6　土壤滤床

4.6.1　适用地区

土壤滤床是一种土壤处理工艺,它利用土壤基质的过滤、吸附、吸收、物理化学反应、生物降解等功能净化溢流污水。土壤滤床适用于全国大部分的城市,但在北方寒冷的冬季,应该注意防止其内部结冰,以免降低处理效率。

4.6.2　定义与目的

土壤滤床是在生态学原理的基础上,结合现代的厌氧、好氧的污水处理技术,而形成的一种生态工程处理技术。土壤滤床污水处理技术利用一定厚度但不同级配人工土壤的理化特性、微生物及植物处理污水,是一种自然生态的处理方法。根据污水的投配方式及处理过程的不同,可以分为慢速渗滤、快速渗滤和地下渗滤三种类型。土地渗滤对污水的缓冲性也较强,但不能用于高浓度的污水处理,否则会引起臭味和蚊虫滋生。

4.6.3　技术特点

（1）慢速渗滤

慢速渗滤系统是将污水投配到种有作物的土表面,污水在流经地表土壤-植物系统时得到净化的一种处理工艺。投放的污水量一般较少,通过蒸发、作物吸收、入渗过程后,流出慢速渗滤场的水量通常为零,即污水完全被系统所净化吸纳。

慢速渗滤系统可设计为处理型和利用型两种。如以溢流污水处理为主要目的的渗滤系统,就需投资少,维护便捷,此时可选择处理型慢速渗滤。设计时应尽可能少占地,选用的作物要有较高的耐水性,对 N、P 的吸附降解能力强。在水资源短缺的地区,希望在尽可能大的面积上充分利用污水进行生产活动,以便获取更大的经济效益,此时可选择型慢速渗滤利用,它对作物没有特别的要求。慢速渗滤系统的具体场地设计参数为:土壤渗透参数为 0.036 ~0.36 m/d,地面坡度小于 30%,土层深大于 0.6 m,地下水位大于 0.6 m。

（2）快速渗滤

在具有良好渗滤性能的土表面,如砂土、砂石性砂土等,可以采用快速渗滤系统。污水分布在土表面后,很快下渗到地下,并最终进入地下水层,所以它能处理较大水量的污水。快速渗滤可用于两方面:地下水补给和污水再生利用。用于前者时不需要设计集水系统,而用于后者时则需要设地下水集水措施以利用污水,在地下水敏感区域还必须设计防渗层,防止地下水受到污染。

地下暗管和竖井都是快速渗滤系统常用的出水方式,如果地形条件合适,让再生水从地下自流进入地表水体。快速渗滤系统最优先设计参数为:土壤渗透参数为 0.45 ~ 0.6 m/d,地面坡度小于 15%,以防止污水过快流失而下渗不足,土层厚度大于 1.5 m,地下水位大于 1.0 m。

（3）地下渗滤

地下渗滤系统将污水投配到距地表一定距离,有良好渗透性的土层中,利用土壤的毛管浸润和渗透作用,使污水在向四周扩散中经过沉淀、过滤、吸附和生物降解达到处理要求。地下渗滤的处理水量较少,停留时间变长,水质净化效果比较好,且出水的水量和水质都比较稳定,适于污水的深度处理。

设计地下渗滤系统时,地下布水管的最大埋深不能超过 1.5 m,投配的土壤介质要有良好的渗透性,通常需要对原土地进行再改良将渗透率增大至 0.15～5.0 cm/h,土层厚度大于 0.6 m,地面坡度小于15%,地下水位埋深大于 1.0 m。地下渗滤的土壤表面可种植景观性花草,适于小城镇。

土地渗滤技术的工艺类型选择,主要根据处理水量、出水要求、土壤性质、地形条件等确定。常用的工艺参数为水力负荷和有机负荷。各土地渗滤处理工艺的具体设计性能参见表4.1。

表4.1　各土地渗滤处理工艺的设计性能

工艺特性	投配方式	水力负荷/(m·a⁻¹)	预处理设施	处理目标	出水 BOD_5/ (mg·L⁻¹)	出水 SS 均值/(mg·L⁻¹)	种植植物	适用土壤
慢速渗滤	表面布水	0.5～6.0	沉淀池	二级、三级	<2	<1	谷类作物、牧草、林木	适当渗水性,布水后作物生长正常
快速渗滤	表面布水	6.0～125.0	沉淀池	二级、三级	5	2	均可	亚砂土、砂质土
地下渗滤	地下布水	0.4～3.0	化粪池、沉淀池	二级、三级或补充地下水	<2	<1	草木、花卉	砂壤土、黏壤土

慢速渗滤系统的投配水量较少,处理时间长,净化效果比较明显,种植物的收割可创造一定的经济收益,受地表坡度的限制小。它的主要缺点在于:处理效果易受作物生长限制,寒冷气候易结冰,季节变化对其影响较大;处理出水量较少,不利于回收利用;水力负荷低,需要的土地面积较大。

快速渗滤系统处理出水量较大,需要的土地面积小;对颗粒物、有机物的去除效果好;出水可补给地下水或满足灌溉需要。其主要缺点是对土壤的渗透率要求较高,场地条件较严格;虽对氨氮的去除效果明显,但脱氮作用不强,出水中硝酸盐含量较高,可能引起地下水污染。

地下渗滤系统的优势和劣势都较明显,它的布水管网埋于地下,地面不安装喷淋设备或开挖沟渠,对地表景观影响小,同时还可以与绿化结合,在人口密集区域也可使用;污水经过填料的强化过滤,对 N、P 的去除率高,出水可进行再利用,经济效果较突出。但它也有明显的缺点:受土壤条件的影响大,土壤质地不佳时要进行改良,增加了建造成本;水力负荷要求严格,土壤处于淹没状态时毛细管作用将丧失;布水、集水及处理区都位于地下,工程量较大时,成本较其他工艺高;对植物的要求高,有些农作物种植受到限制。

4.6.4　施工方法

慢速渗滤并不需要特殊的收集系统,施工较简便。但为了达到最佳处理效果,要求布水尽量均匀一致,可以采用面灌、沟灌等方式,虽然喷灌和滴灌的布水效果更好,但需要安装布水管网,成本略有上升。

快速渗滤的布水措施与慢速渗滤的类似,如果出水不需要回用的话,也不需要铺设集水系统。但在水资源比较紧张的地区,尽量将出水收集回用。在地势落差较大的地方,上游的地下水自流出地表时,可采用地下穿孔水管或碎石层集水,而在地势较平坦的地方,宜采用管井集水。

地下渗滤系统需要铺设地下布水管网,系统构筑相对较复杂。普通地下渗透系统施工时先开挖明渠,渠底填入碎石或砂,碎石层以上布设穿孔管,再以沙砾将穿孔管淹埋,最后覆盖表土。穿孔管以埋于地表下 50 cm 为宜,也可采用地下渗滤沟进行布水。强化型地下渗滤系统在普通型的基础上利用无纺布增加了毛管垫层,它高出进水管向两侧铺展外垂,穿孔管下为不透水沟,污水在沟中的毛管浸润作用面积要明显高于普通型,布水也更均匀,因而净化效果更好。

4.6.5　维护与检查

慢速渗滤和快速渗滤系统的主要维护工作是布水系统和作物的管理。系统中投配的水量要合适,不能出现持续淹没状态。快速渗滤系统通常采用淹水、干化间歇式运行,以便渗滤区处于干湿交替状态,好氧微生物和厌氧微生物各有一段快速生长期,利于污染物迅速降解。反复充氧的同时也有益于硝化和反硝化,加强脱氮功能。北方冬季时,地表结冰会引起这两个系统处理效果的下降,运行时要特别注意寒冷气候对系统的影响。

地下渗滤系统对入水的要求比慢速渗滤系统和快速渗滤系统高一些。如果入水中颗粒物较多,则容易引起地下渗滤系统填料层堵塞,造成雍水,其处理效率下降。地下渗滤系统表面可种植绿化草皮和植被,在居民点附近处理污水时,它还应具有较好的观赏效果。但具有较长根系的植物不宜采用,因为长根系可能会引起土壤结构的破坏。

4.6.6　造价指标

慢速渗滤和快速渗滤系统的主要成本是布水管或渠道的修建费用。快速渗滤出水进行回用时,要安装地下排水管或管井,开挖土方量、人工费、材料费都会有所增加,但回收的水资源水质较好,可用于绿地浇灌或农业灌溉,形成经济效益,弥补了造价的上升。一般而言,土地渗滤系统造价为 $300 \sim 500$ 元/m^2。

地下渗滤系统采用地下布水,工程量相对较大。其主要成本是开挖土方、人工费、渗滤沟或穿孔管,以及集水管网的费用,在绿化要求较高时应种植观赏性强的植物,草皮和花卉也会占用一部分费用。但所有成本的总和依然远低于城市污水处理厂的成本,维护的费用也较少,在农村地区运用优势更为明显。

4.7　雨水花园

4.7.1　适用地区

雨水花园径流控制技术可广泛适用于我国绝大部分地区。

4.7.2　定义与目的

雨水花园是自然形成的或人工挖掘的浅凹绿地,被用于汇聚并吸收来自屋顶或地面的雨水,通过植物、沙土的综合作用使雨水得到净化,并使之逐渐渗入土壤,涵养地下水,或使之补给景观用水、厕所用水等城市用水。是一种生态可持续的雨洪控制与雨水利用设施。

从生态意义上来说,雨水花园通过短暂滞留并渗透雨水,增加了雨水的渗透时间和渗透量,降低了雨水径流的流速,削减了径流量,减小了雨水给市政排水管道带来的压力,缓解了河湖水系堤岸的防洪压力,从而有效地减少城市内涝现象的发生,同时还可以增加地基含水量,补充日益枯竭的地下水。此外,在渗透的过程中,雨水花园能够有效地吸收雨水中的污染物,净化水体,还能为野生动物,如鸟类、蝴蝶、蜻蜓等提供天然栖息地,丰富了生物的种类,维护了生物的多样性。

从景观意义上来说,雨水花园通过不同色彩、不同花期、不同质感的植物的搭配组合,创造了极具吸引力的景观,美化了居住环境,为人们提供了新的视觉感受。

雨水花园除了能够有效地进行雨水渗透之外,还具有多方面的功能:

① 能够有效地去除径流中的悬浮颗粒、有机污染物以及重金属离子、病原体等有害物质。

② 通过合理的植物配置,雨水花园能够为昆虫与鸟类提供良好的栖息环境。

③ 雨水花园中通过其植物的蒸腾作用可以调节环境中空气的湿度与温度,改善小气候环境。

④ 雨水花园的建造成本较低,且维护与管理比草坪简单。

⑤ 与传统的草坪景观相比,雨水花园能够给人以新的景观感知与视觉感受。

4.7.3　技术特点

雨水花园具有成本低、效能高、建造维护简单、小巧灵活等诸多优点,因此备受人们青睐。居住区绿地是城市绿地的重要组成部分,与居民的生活密切相关,具有绿化面积大、环境效益好等特点,这些无疑为雨水花园的建设提供了良好的条件。

目前国外常用的雨水花园设计方法主要有三种:① 基于达西定律的

渗滤法;② 蓄水层有效容积法;③ 基于汇水面积的比例估算法。三种方法都存在一定的局限性,基于达西定律的渗滤法主要依据雨水花园自身的渗透能力和达西定律而设计,忽略了雨水花园构造空隙储水量的潜力和植物对蓄水层的影响。它适用于砂质土壤的雨水花园。蓄水层有效容积法主要利用雨水花园蓄水层的有效容积滞留雨水,考虑了植物对蓄水层储水量的影响,但未考虑雨水花园的渗透能力和空隙储水能力。它适用于雨水花园中黏土较多、场地不受限制的区域。基于汇水面积的比例估算法则由于精度低而主要用于粗略计算和有丰富经验时采用。在使用时要分析雨水花园的结构特点、功能侧重、设计标准和所在地的土质特性等因素选择使用。

4.7.4　标准与做法

1. 标准

雨水花园的建设应遵循的一些建造原则如下:

① 要充分考虑绿地的位置、类型、功能和性质,因地制宜,充分利用原有地形地貌进行建设。经济美观的雨水花园需要考虑自身成本问题,尽量减少土方量,本着以最少的投入获取最大功能的原则进行建造。② 要考虑景观效果,使其与周围的环境相协调,服从整体风格,建造精美的景观设施。生态优先的雨水花园在结构设计和植物选择配置上应尽量做到生态优先,模仿自然,进行仿生设计,使其对环境的破坏影响降到最小,做到与生态过程相协调,尊重生物多样性,减少对资源的剥夺,保持营养和水循环,维持植物生境和动物栖息地的质量,以改善人居环境、维护生态系统的健康。

2. 做法

雨水花园主要由蓄水层、覆盖层、种植土层、人工填料层和砾石层 5 部分组成。其中在人工填料层和砾石层之间可以铺设一层砂层或土工布。根据雨水花园与周边建筑物的距离和环境条件可以采用防渗或不防渗两种做法。当有回用要求或要排入水体时还可以在砾石层中埋置集水穿孔管。雨水花园结构示意如图 4.11 所示。

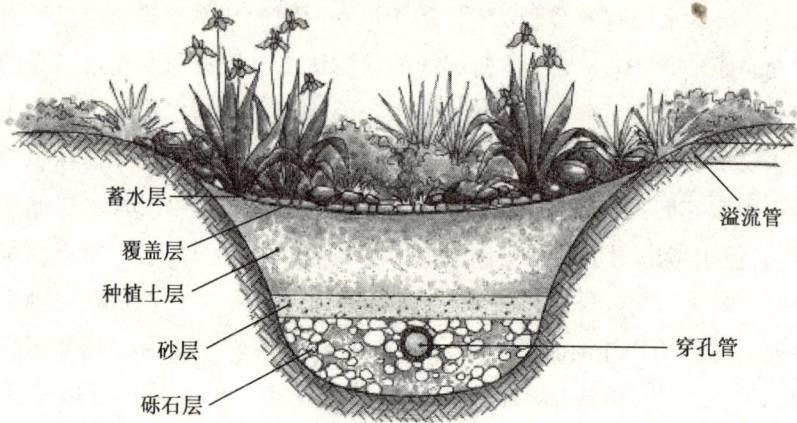

蓄水层

覆盖层

种植土层

砂层

砾石层

溢流管

穿孔管

图 4.11   雨水花园结构示意

① 蓄水层。蓄水层为暴雨提供暂时的储存空间,使部分沉淀物在此层沉淀,进而促使附着在沉淀物上的有机物和金属离子得以去除。其高度根据周边地形和当地降雨特性等因素而定。一般蓄水层高度多为 100 ~ 250 mm。

② 覆盖层。覆盖层一般采用树皮进行覆盖,覆盖层对雨水花园起着十分重要的作用,它可以保持土壤的湿度,避免表层土壤板结而造成渗透性能降低。在树皮土壤界面上营造了一个微生物环境,有利于微生物的生长和有机物的降解,同时还有助于减少径流雨水的侵蚀。覆盖层最大深度一般为 50 ~ 80 mm。

③ 种植土层。种植土层为植物根系的吸附以及微生物降解碳氢化合物、金属离子、营养物和其他污染物提供了一个很好的场所,有较好的过滤和吸附作用。一般选用渗透系数较大的砂质土壤,其主要成分中砂子含量为 60% ~ 85%,有机成分含量为 5% ~ 10%,黏土含量不超过 5%。种植土层厚度根据植物类型而定,当采用草本植物时厚度为 250 mm 左右。种植在雨水花园的植物应是多年生的,可短时间耐水涝,如大花萱草、景天等。

④ 人工填料层。人工填料层多选用渗透性较强的天然或人工材料,其厚度应根据当地的降雨特性、雨水花园的服务面积等确定,多为 0.5 ~ 1.2 m。当选用砂质土壤时,其主要成分与种植土层一致。当选用炉渣或砾石时,其渗透系数一般不小于 10^{-5} m/s。

⑤ 砾石层。砾石层由直径不超过 50 mm 的砾石组成,厚度为 200 ~

300 mm。在其中可埋置直径为 100 mm 的穿孔管,经过渗滤的雨水由穿孔管收集进入邻近的河流或其他排放系统。

雨水花园的建造包括选址、土壤选定、结构及深度的确定、面积的确定、外形的确定、植物的选择和配置等。

(1) 选址

居住区绿地雨水花园位置的选择应考虑以下几点:① 为了避免雨水浸泡地基,雨水花园的边线距离建筑基础至少 3 m,距离有地下室的建筑至少 9 m。② 最好将雨水花园设置在阳面,至少是半日照条件下。③ 将雨水花园设置在地势平坦的地方,可以减少土方量,而且方便维护,不适宜建造在坡度大于 12% 的地方。④ 尽量设置在雨水易汇集且土壤渗透性良好的区域。经常积水的地方其土壤渗透性较差,不宜建造雨水花园。⑤ 不宜设置在树下,因为将雨水花园建造在树下会破坏树木的根系,影响树木的生长。⑥ 要考虑雨水花园和周围环境的协调与统一,将其设置在观赏条件较好的地方,以优美的景观或芳香的气味,方便周围居民观赏。

(2) 土壤选定

雨水花园要求土壤有一定的渗透率,这样才能具备相应的功能,因此比较适合建造雨水花园的土壤是砂土和壤土。可通过以下简易方法测试:挖一个深约 15 cm 的坑,充满水,如果水能在 24 h 内渗完,即该土壤适合于雨水花园;如果土壤达不到渗透要求,可以通过局部换土来实现,雨水花园中最理想的土壤组合是 50% 的砂土、20% 的表土、30% 的复合土壤,客土移植时最好移除 0.3 ~ 0.6 m 厚的土壤。

(3) 结构及深度的确定

雨水花园的结构比较简单,应根据设计深度进行建造。一般只要能保证超过其设计能力的雨水及时排入周围草坪、林地或排水系统即可。如果雨水花园能够将多余雨水沿四周高坎流出,进入排水系统,这类雨水花园一般无需设计专门的溢流装置;如果雨水花园所在的位置不方便将多余雨水直接排入排水系统,则可设计一个简单的溢流装置。

雨水进入雨水花园中会很自然地冲毁较低的边界,为了保证雨水花园边缘不受雨水的侵蚀并保持雨水,可将挖掘出的土壤堆在较低的边界构建小型堤坝,堤坝的最高点和雨水花园的最高处齐平即可。为了防止雨水的冲刷,可在堤坝上种草。为了减小雨水的流速及其对地面的侵蚀,在排水口及流入雨水花园的路径上用小石头或砖块进行铺装,也可用高致密性的草坪进行覆盖,以减少侵蚀。

雨水花园的深度一般指蓄水层的深度,主要由土壤的渗透性能及地面坡度确定,最合理的深度是 10 ~ 20 cm。深度不宜过深或过浅,深度过浅,雨水花园无法充分发挥渗透作用;深度过深,则会导致积水时间过长,危害植物的生长,影响景观效果。不管雨水花园深度如何,都应该保证其底部平坦,以防止雨水积于一处。

雨水花园的深度容易受地面坡度的影响。坡度应该不超过 12%,否则应另外选址。如果坡度低于 4%,深度以 7.5 ~ 12.5 cm 为宜;坡度为 5% ~ 7%,深度以 15.0 ~ 17.5 cm 为宜;坡度为 8% ~ 12%,深度以约20.0 cm 为宜。

（4）面积的确定

雨水花园的面积是根据控制 100% 的径流量来确定的。居住区雨水花园的大小不是固定的,任何大小合理的雨水花园都能发挥较大的作用,但考虑到经费以及功能的高效性,居住区最合理的雨水花园面积范围为 9 ~ 27 m^2。面积低于 9 m^2 的雨水花园,植物种类较少,不能充分发挥作用;而面积超过 27 m^2 的雨水花园,其底部难以保持水平。雨水花园的面积不宜过大,如果面积大于 27 m^2,应该划分成两个或更多的雨水花园,面积小、分散的雨水花园比单一的、大规模的雨水花园效果好。

雨水花园的面积主要由雨水花园的深度、处理雨水的径流量和土壤类型决定。雨水花园的面积随着汇水面积的增大而增大。黏土渗透慢,因此建在黏土中的雨水花园的面积应该为整个排水区域的 60%;砂土排水较快,雨水花园的面积应该是整个排水区域的 20%;建在壤土上的雨水花园的面积应在 20% ~ 60%。由此可见,渗透越慢,雨水花园的面积应越大。

（5）外形的确定

雨水花园的外形以曲线为宜,切忌用直线破坏雨水花园自然的景观特性,其造型以新月形、肾形、马蹄形、椭圆形或其他不规则的形状为佳。为了能够收集足够多的水,雨水花园较长的边一般垂直于坡度和排水的方向;为了提供足够的空间以栽植植物和让雨水均匀通过整个底部,雨水花园应该有足够的宽度,底部宽度最小为 0.6 m,最大为 3.0 m,最理想的长宽比为 21。

(6) 植物的选择原则

选择正确的植物种类,不仅能够充分发挥雨水花园的功能,而且能降低日后维护的成本。因此,雨水花园中植物种类的选择和配置对于雨水花园功能的发挥具有决定性的作用。植物种类的选择原则有:① 以乡土树种为主,少量引进外来物种。乡土树种最适应当地气候,拥有发达的根系而有利于渗透,还具有较强的抗逆性、抗病虫害能力,且容易维护。② 选择既有一定的耐旱性,又有短暂的耐水湿能力、抗逆性良好的植物。③ 选择具有较高观赏价值的植物或香花植物,以吸引蜜蜂、蝴蝶等昆虫,创造具有物种多样性的小生境。④ 应选择长势强、根系发达的植物。

依据植物种类选择的原则,建造雨水花园可选择的植物种类有:① 乔木类:可选择落羽杉、北美红枫、紫薇、枫香、流苏树、洋白蜡、乌桕、榕树等。② 灌木类:可选择冬青、杜鹃、接骨木、木槿、柽柳、海棠花、西府海棠等。③ 草本类:可选择狐尾草、莎草、玉带草、藿香蓟、半枝莲等。④ 宿根花卉类:可选择鸢尾、金光菊、日光菊、四季秋海棠、假龙头花、落新妇、芦苇、香蒲、萱草等。

(7) 植物的配置

一个雨水花园就是一个小型生态系统,植物配置应该以自然为师进行生态设计,创造近自然景观。植物配置方法如下:① 依据生态位理论,做好植物配置。配置时应充分考虑物种的生态位特征,合理选配植物种类,避免种间直接竞争,形成结构合理、功能健全、种群稳定的复层群落结构。② 依据生态演替理论,做好仿生设计。构建稳定的生态植物群落,要根据当地植物群落的演替规律,充分考虑群落中物种的相互作用和影响,选择生态位重叠较少的物种进行群落构建,创造仿照自然界植物群落的结构形式。③ 依据物种多样性理论,营造丰富的景观。物种的多样性是植物群落多样性的基础,能增强园林的抗干扰能力和稳定性。植物配置应尽量保持物种的多样性,避免单一化。④ 依据园林美学相关理论,进行景观设计。植物配置不是绿色植物的堆积,而是在审美基础上的艺术配置,以创造源于自然而又高于自然的景观效果。此外,为了创造优美的景观效果,植物配置还要综合考虑植物的体量、花期、色彩、质感等搭配,形成优美稳定的植物群落。比如为了延长观赏期,可搭配不同花期的植物,使雨水花园三季有花,四季有景。植物种植后,为了提高雨水花园的观赏性,可考虑结合其他园林要素进行设计,如当地的石头,装饰用的围栏、小径、座椅等,给雨水花园营造更加整洁和美丽的外观。

植物定植后,为了保证雨水花园的良好运行,需要对雨水花园进行养护和日常维护。

4.7.5　维护与管理

定植后雨水花园的维护措施:

(1)当植物定植后,为了阻止杂草的生长,保持土壤的湿度,避免土壤板结而导致土壤渗透性下降,需要给雨水花园覆盖 5 cm 左右的覆盖物,最好选择高密度的材料,比如松树杆、木头屑片和碎木材。

(2)雨水较大,流速较快,容易侵蚀雨水花园床底,将几块砖头或一些石块放入入水口处能有效降低径流系数,防止雨水对花园床底的侵蚀。

(3)最初几周每隔一天浇一次水,并且要经常去除杂草,直到植物能够正常生长并且形成稳定的生物群落。

雨水花园日常的维护措施:

(1)在几次降雨或一次强降雨后需检查雨水花园的覆盖层及植被的受损情况,若受损则应及时更换。

(2)沉淀物会在表面积累,从而阻止雨水下渗,因此要定期清理雨水花园表面的沉积物。

(3)检查植被生长状况,防止过度繁殖,定期修剪生长过快的植物,去除影响景观效果的杂草。

(4)检查植物以预防病虫害。如果植物有病虫害迹象,应及时将其移除,以防止感染其他物种。

(5)根据植物需水状况,适当对植物进行灌溉。

(6)每年春天剪掉枯死的植物枝叶。

4.7.6　造价指标

雨水花园的造价约为 300 ~ 500 元/m²。

第 5 章

溢流污水沉淀净化

5.1 沉淀净化技术

5.1.1 沉淀净化技术的定义及分类

沉淀是指在重力作用下悬浮颗粒从水中分离出来的过程。沉淀工艺是目前主要溢流污水处理方法,也是应用最早、最广泛的水处理技术。这主要是因为沉淀工艺具有截留的污泥量大、构造简单、运行方便以及费用低等特点。

沉淀通常可分为四种类型:自由沉淀、絮凝沉淀、成层沉淀和压缩沉淀。

(1)自由沉淀

单个颗粒在无边际水体中沉淀,颗粒在下沉的过程中互不干扰,且不受器皿壁的干扰,下沉过程中颗粒的大小、形状、密度保持不变,经过一段时间后,下沉速度也不变。

(2)絮凝沉淀

在沉淀的过程中,颗粒由于相互接触凝聚而改变大小、形状、密度,并且随着沉淀深度的增大和时间的增长,沉淀速度也越来越快,絮凝沉淀由凝聚性颗粒产生。

(3)成层沉淀

当水中含有的凝聚性颗粒或非凝聚性颗粒的浓度增加到一定值后,大量颗粒在有限水体中下沉时,被排斥的水便有一定的上升速度,使颗粒所受的摩擦阻力增加,颗粒处于相互干扰状态,此过程也称为拥挤沉淀。

（4）压缩沉淀

悬浮物浓度非常大，颗粒间相互挤压，下层颗粒间的水在上层颗粒的重力下挤出，污泥得到浓缩。

5.1.2　沉淀池的分类

沉淀池的种类很多，一般按池内水流方向可分为平流式、竖流式、辐流式和旋流式四种。

（1）平流式沉淀池

该沉淀池由进水口、出水口、水流部分和污泥斗组成。池体平面为矩形，进口设在池长的一端，一般采用淹没进水孔，污水由进水渠通过均匀分布的进水孔流入池体，进水孔后设有挡板，使水流均匀地分布在整个池宽的横断面。沉淀池的出口设在池长的另一端，多采用溢流堰，以保证沉淀后的澄清水可沿池宽均匀地流入出水渠。

（2）竖流式沉淀池

该沉淀池池体平面为圆形或方形。污水由设在沉淀池中心的进水管自上而下地排入池中，进水的出口下设伞形挡板，使污水在池中均匀分布，然后沿池的整个断面缓慢上升。悬浮物在重力作用下沉降进入池底锥形污泥斗中，澄清水从池上端周围的溢流堰中排出。高密度沉淀池属于一种竖流式沉淀池。在池中加设斜板或斜管，可以大大提高沉淀效率，缩短沉淀时间，减小沉淀池体积，但存在斜板或斜管易结垢、长生物膜、产生浮渣，维修工作量大，管材、板材使用寿命低等缺点。

（3）辐流式沉淀池

该沉淀池池体平面多为圆形，也有方形的。辐流式沉淀池的直径较大而深度较小，直径为 20 ～ 100 m，池中心水深不大于 4 m，周边水深不小于 1.5 m。污水自池中心进水管入池，沿半径方向向池周缓慢流动。悬浮物在流动中沉降，并沿池底坡度进入污泥斗，澄清水从池周溢流入出水渠。

（4）旋流式沉淀池

该沉淀池池体平面为圆形，污水由池体的切线方向进入水池内，在水流和重力的作用下，利用污水中颗粒污染物和水分所承受的离心力不同，使颗粒污染物快速下沉至池底，实现快速分离。澄清的水由上部出口排出。

5.2　技术特点

溢流污水水质的特点决定其沉淀方式主要为自由沉淀,其沉淀过程比较简单。溢流污水中密度大于水密度的固体颗粒在重力作用下沉淀到池底。沉淀速率主要取决于固体颗粒的密度和粒径。但溢流污水的实际沉淀过程也很复杂,这是因为不同的颗粒有不同的沉降速率,一些密度接近于水的颗粒可能在水中停留时间很长。而且,对降雨过程中的连续流,固体颗粒不断随雨水进入沉淀池,流量随降雨历时和降雨强度而变化,水的湍流使颗粒的沉淀过程难以精确描述。在溢流污水利用系统中,如果不考虑降雨期间进水的过程,雨停后池内基本处于静止状态,沉淀效果很好。

溢流污水中的其他污染指标与 SS 有很好的线性正相关关系,因此可以通过沉淀去除雨水中的大部分污染物。但是由于各地下垫面的质地、降雨特性等的差异,造成溢流污水中的可沉悬浮固体颗粒的浓度、粒径大小、分布及沉速等不同,其沉降特性和去除规律也不尽相同。

5.3　沉淀池池型的选择

溢流污水沉淀池的池型可以按照传统污水沉淀池的方式进行选择,如采用平流式、竖流式、辐流式、旋流式等。其目的是将雨水中的固体颗粒在流动过程中从水中分离。

考虑降雨的非连续性,也可根据溢流污水沉淀的特点将其设计为静态沉淀池,与调蓄池共用,以减少投资。即在降雨过程中首先将溢流污水收集至调蓄池,待雨停后再静沉一定时间,将上清液取出使用或排入后续处理构筑物。

当溢流污水中含有较多的砂粒等颗粒物且雨水利用系统规模较大时,也可以在调蓄池之前设计旋流式沉砂池。

沉淀池的类型应根据系统的设计目的、场地、水质、后续工艺和运行要求等情况加以选择。

由于城市用地紧张和收集雨水的高程关系要求,溢流污水沉淀池多建于地下。根据规模的大小和现场条件,雨水沉淀池一般可采用钢筋混凝土结构、砖石结构等。

　　小规模雨水沉淀池的制作材料也可以用塑料、玻璃钢等。塑料和玻璃钢雨水沉淀池便于批量生产和现场安装。如果选用塑料等有机材料制作而成的沉淀池,在酸雨较多的地区可向其中添加适量的 Si、Ca 以中和雨水的酸性。

　　有条件时,最好能利用已有的水体作调蓄、沉淀之用,以大大减少投资。如景观水池、湿地水塘等,后者还有良好的净化作用。如水质较差,可考虑设计前置沉淀塘来保护整个系统的正常运行和维护。

5.4　沉淀池的设计

　　沉淀池的设计和开发都是围绕怎样增大沉淀面积和改变水流流态这两方面进行的。沉淀池的设计是以提高沉淀池的沉降效率为目的的。提高沉降效率有两种方法:① 缩短颗粒的沉淀距离、增大沉淀面积,斜板(管)沉淀池属这一类;② 增大矾花颗粒的下沉速度,可通过采用高效絮凝剂和优化絮凝工艺来实现。

5.4.1　沉淀池设计的一般规定

　　① 设计流量。当污水为自流进入时,设计流量为最大设计流量;当污水为提升进入时,设计流量为工作泵的最大组合流量;在合流制处理系统中,应按雨水设计流量设计,沉淀时间不宜小于 30 min。

　　② 设计数据。无实测资料时,溢流污水沉淀池设计数据应按照经验值或沉淀设备制造企业的建议选取。

　　③ 有效水深、超高及缓冲层。沉淀池的有效水深宜采用 2 ~ 4 m,超高为 0.3 m,缓冲层为 0.3 ~ 0.5 m。

　　④ 污泥区容积构造与泥斗构造。沉淀池污泥区容积宜按不大于储存 2 d 的污泥量计算。污泥斗斜壁与水平倾角,方斗宜为 60°,圆斗宜为 55°。

　　⑤ 污泥排放。使用机械排泥可实现连续排泥或间歇排泥,不用机械排泥时应每日排泥。对于多斗排泥的沉淀池,每个斗都应设单独的闸阀和排

泥管。采用静水压力排泥时,静水压力水头一般为 1.2 ~ 1.5 m。排泥管直径不应小于 200 mm。

⑥ 堰负荷。沉淀池出水的最大堰负荷,一般不宜大于 2.9 L/(s·m)。

5.4.2　竖流式沉淀池

竖流式沉淀池中,水流方向与颗粒沉淀方向相反,其截留速度与水流上升速度相等,上升速度等于沉降速度的颗粒将悬浮在混合液中形成一层悬浮层,对上升的颗粒进行拦截和过滤。因而竖流式沉淀池的效率比平流式沉淀池要高。

竖流式沉淀池池体平面多为圆形或方形,水由设在池中心的进水管自上而下进入池内(管中流速应小于 30 mm/s),管下设伞形挡板使废水在池中均匀分布后沿整个过水断面缓慢上升(对于生活污水,上升速度一般为 0.5 ~0.7 mm/s,沉淀时间为 1.0 ~ 1.5 h),悬浮物沉降进入池底锥形沉泥斗中,澄清水从池四周沿周边溢流堰流出。堰前设挡板及浮渣槽以截留浮渣保证出水水质。池的一边靠池壁设排泥管(直径大于 200 mm),靠静水压将泥定期排出。

竖流式沉淀池的优点是占地面积小,排泥容易;缺点是深度大,施工困难,造价高。

竖流式沉淀池设计参数如下:

(1) 池直径或正方形边长与有效水深的比值不大于3,池直径一般采用4 ~ 7 m。

(2) 当池直径或正方形边长小于 7 m 时,澄清水沿周边流出。个别沉淀池当直径不小于 7 m 时,应设辐射式集水支渠。

(3) 污水在中心管内的流速对悬浮颗粒的去除有一定的影响。当中心管底部不设反射板时,其流速不应大于 30 mm/s,如设置反射板,流速可取 100 mm/s。

(4) 中心管下口的喇叭口和反射板的要求:

① 反射板板底距泥面不小于 0.3 m;

② 反射板直径及高度为中心管直径的 1.35 倍;

③ 反射板直径为喇叭口直径的 1.3 倍;

④ 反射板表面对水平面的倾角为 17°；

⑤ 中心管下端至反射板表面之间的缝隙为 0.25 ～ 0.50 m，缝隙中心污水的流速，在初次沉淀池中不大于 30 mm/s，在二次沉淀池中不大于 20 mm/s。

（5）排泥管下端距池底不大于 0.2 m，管上端超出水面不小于 0.4 m。

（6）浮渣挡板距集水槽 0.25 ～ 0.50 m，高出水面 0.10 ～ 0.15 m，淹没深度 0.3 ～ 0.4 m。

竖流式沉淀池的平面可以为圆形、正方形或多角形。为使池内配水均匀，池径不宜过大，一般采用 4 ～ 7 m，不大于 10 m。为了降低池的总高度，污泥区可采用多斗排泥方式。图 5.1 为竖流式沉淀池的结构示意。

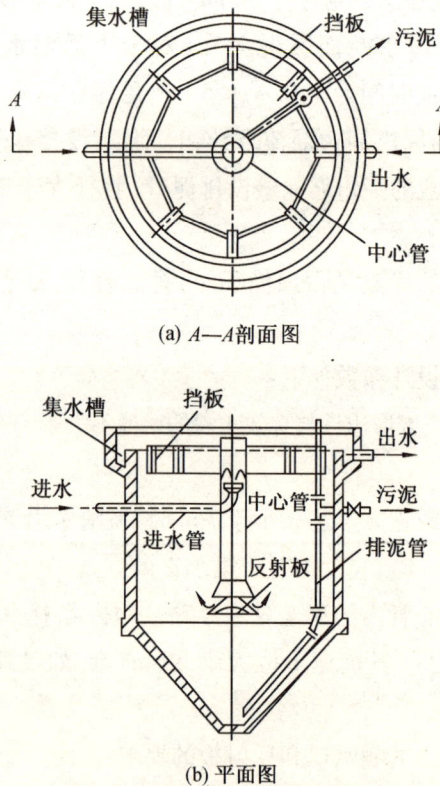

(a) A—A 剖面图

(b) 平面图

图 5.1　竖流式沉淀池的结构示意

5.4.3　高效斜板(管)沉淀池

1. 高效斜板(管)沉淀池的工作原理及特点

斜板(管)沉淀是将与水平面成一定角度(一般为 60°)的众多斜板(管)组件置于沉淀池中,水流可从下向上或从上向下流动,颗粒则沉于底部,而后自动滑下。从改善沉淀池水力条件来分析,由于沉淀池水力半径大大减小,因而使雷诺数 Re 大为减小,弗劳德数大为增大,满足了水流稳定性和层流的要求。图 5.2 为一种高效斜板沉淀池的结构示意。

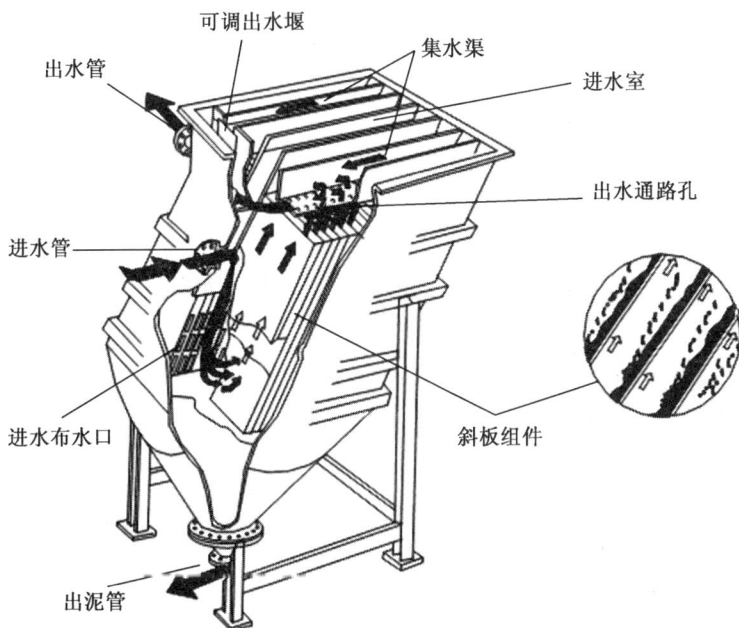

图 5.2　高效斜板沉淀池的结构示意

高效斜板(管)沉淀池的特点如下:

(1) 沉淀能力提升。主要表现在:① 沉淀面积增大;② 斜板可以对沉淀物起到再凝聚作用,使絮状物增大,易于沉淀;③ 斜板沉淀创造了层流条件,沉淀效果好。

(2) 下沉污泥浓度增大。

(3) 排出的清水量整年保持稳定,而且不存在污泥覆盖。

2. 高效斜板沉淀池的分类

（1）迷宫式斜板沉淀池

迷宫式斜板沉淀池是在普通斜板沉淀池的斜板垂直方向上安装数道翼形叶片形成的。翼形叶片将进入的水流分为主流区、旋流区和环流区。位于主流区内的絮体，在流速和沉速的共同作用下，逐步下沉。旋流区的絮体，被强制输送到环流区，每经过一个翼片截留一些絮体。进入环流区的絮体，在环流作用下，呈螺旋形运动并沿翼片下沉到池底。迷宫斜板沉淀池由于旋流区的涡旋强制输送和环流区的高效沉淀作用，因此具有较高的沉淀效率。

迷宫斜板的颗粒分离属于动态分离，特别是在旋流区，动态分离包括旋流作用下进行的重力、流体阻力和惯性力等作用的分离过程，而且在主流区和旋流区产生的质量交换也有使絮体互相碰撞絮凝的作用。因此，其处理效果优于普通斜板沉淀。

（2）小间距斜板沉淀池

斜板（管）沉淀池中的水流在理论上处于层流状态，其实不然，实际上在斜管沉淀池中的水流是有脉动的，这是因为当斜管中大的矾花颗粒在沉淀过程中与水产生相对运动，会在矾花颗粒后面产生小涡旋，这些涡旋产生的运动造成了水流的脉动。这些脉动对于大的矾花颗粒没有影响，对于反应不完全的小颗粒的沉淀起到顶托作用，故此也就影响了出水的水质。为了克服这一现象，抑制水流的脉动，小间距斜板沉淀设备应运而生。

这一设备有以下优点：① 由于间距明显减小，矾花沉淀距离也明显减小，更多小颗粒可以沉淀下来；② 由于间距减小，水力阻力增大，使之成为水流在沉淀池中水流阻力的主要部分，这样沉淀池中流量分布均匀，与斜管相比，明显改善了沉淀条件；③ 排泥性能远优于其他形式的浅层沉淀池，因为这种设备基本无侧向约束，设备沉淀面积与排泥面积相等。

3. 斜板沉淀池填料

斜板沉淀池填料的材质有聚丙烯（PP）、聚氯乙烯（PVC）和玻璃钢（FRP）三种。其组装形式有斜管和直管两种。蜂窝斜管填料主要用来沉淀和除砂，是近十年来在给排水工程中应用最广泛的填料，它具有适用范围广、处理效果高、占地面积小等优点，适用于进水口除砂，以及一般工业和生活给水沉淀、污水沉淀、隔油以及尾张浓缩等处理。斜板沉淀池填料既适用于新建工程,又适用于现有旧池的改造,应用于两者均能取得良好的经济效益。

4. 高效斜板沉淀池的设计参数

① 斜板沉淀池负荷较高,一般取 $q = 2.5 \sim 3.5$ mm/s;

② 斜板有效系数 $\eta = 0.6 \sim 0.8$,一般取 $\eta = 0.8$;

③ 斜板水平倾角 $\theta = 60°$;

④ 斜板斜长 $L = 1.2$ m;

⑤ 斜板净板距 $P = 0.05$ m,一般取 $50 \sim 150$ mm;

⑥ 颗粒沉降速度 $\mu = 0.4$ mm/s $= 0.000\ 4$ m/s。

5.4.4　高密度沉淀池

1. 高密度沉淀池的工作原理及特点

高密度沉淀池工艺是在传统的平流沉淀池的基础上,充分利用动态混凝、加速絮凝原理和浅池理论,把混凝、强化絮凝、斜管沉淀三个过程进行优化。它主要基于 4 个机理:独特的一体化反应区设计、反应区到沉淀区较低的流速变化、沉淀区到反应区的污泥循环和采用斜管沉淀布置。反应池分为两个部分:快速混凝搅拌反应池和慢速混凝推流式反应池。快速混凝搅拌反应池是将原水引到反应池底板的中央,在圆筒中间安装一个叶轮,该叶轮的作用是使反应池内的水流均匀混合,并为絮凝和聚合电解质的分配提供所需的动能。矾花慢速地从预沉池进入澄清池,这样可避免矾花破碎,并产生涡旋,使大量的悬浮固体颗粒在该区均匀沉积。矾花在澄清池下部汇集成污泥并浓缩。浓缩区分为两层:上层为再循环污泥的浓缩,下层是产生大量浓缩污泥的地方。逆流式斜管沉淀区将剩余的矾花沉淀。通过固定在清水收集槽中进行水力分布,斜管促进水流的均匀分配。清水由一个集水槽系统收回。絮凝物堆积在澄清池下部,形成的污泥也在这部分区域内浓缩。

高密度沉淀池工艺的主要特点如下:

① 采用合成的有机絮凝剂 PAM。混凝时添加 PAM 作为助凝剂,使得反应可产生较大的矾花,污泥回流可进一步增加矾花的密度和沉降性能,增大

其沉淀速度。

② 从慢速推流反应区到斜板沉淀区矾花能保持完整,并且产生的矾花颗粒大、密度高。

③ 高效的斜板沉淀可保证沉淀区较高的上升流速(可达 20 ~ 40 m/h),絮凝矾花可很好地得到沉淀。

④ 能有效地完成污泥浓缩,沉淀池排泥浓度可达 15%,无须进行再次浓缩,可直接脱水处理。

⑤ 处理效率高。文献显示,高密度沉淀池对 SS 的去除率在 85% 左右,对 COD 的去除率可达 85% ~ 96%,对 BOD 的去除率高达 92%。

⑥ 集混凝、沉淀和浓缩功能为一体的水处理构筑物,结构紧凑,降低了土建造价并且节约了建设用地。

⑦ 运行费用较高,因此需对药剂的投加进行优化控制,以使总的运行费用降至最低。

2. 典型工艺及设计

(1) Actiflo® 工艺

Actiflo® 工艺是由 OTV-Kruger 公司(威立雅水务集团的工程子公司)开发,自 1991 年开始在欧洲用于饮用水及污水处理。其特点是以粒径为 45 ~ 150 μm 的细砂为载体强化混凝,并选用斜管沉淀池增大固液分离速度,表面负荷为 80 ~ 120 m/h,最大可达 200 m/h,是目前应用最为广泛的载体絮凝-高速沉淀技术。整个工艺分为混合、熟化、高速沉淀三个阶段。首先,加入混凝剂(铁盐或铝盐)的原水进入混合池,经快速搅拌后流入投加池,在投加池中加入有机助凝剂和细砂载体促进絮体的"生长",经水力停留 1 ~ 2 min 后流入熟化池;其次,在慢速搅拌下,以细砂为核心的絮体进一步凝聚生成粗大密实的絮状物;最后,水体进入斜管沉淀池,在细砂絮体的重力沉淀作用下配合斜管的快速沉淀效应,达到絮体颗粒迅速沉降的目的。含有细砂的污泥回流至装置上方的水力旋流器,通过离心力使泥浆与细砂分离,细砂重新进入絮凝池循环使用。

同常规沉淀池处理工艺相比,Actiflo® 工艺具有以下优点:

① 由机械混凝、机械絮凝代替了水力混凝、水力絮凝。机械搅拌使药剂和污水的混合更快速、更充分,因此强化了混凝、絮凝的效果,同时也节约了

药剂。

②　在沉淀区增加了基于"浅池沉淀"理论的上向流斜板,大大减小了沉淀区的占地面积。

③　进水区及扩展沉淀区的应用,可以分离比重大的 SS(大约占总 SS 含量的80%)直接沉淀在污泥回收区,减少了通过斜板的污泥量,减少了斜板堵塞的发生概率。

④　Actiflo®加砂高速沉淀池采用粒径在 $100 \sim 150 \ \mu m$ 的不断循环更新的微砂作为絮体的凝结核,由于大量微砂的存在,增大了絮体凝聚的概率和密度,使得其抗冲击负荷能力和沉降性能大大提高,即使在较大水力负荷条件下,也能保证理想、稳定的出水水质。

Actiflo®高速沉淀池工艺流程如图 5.3 所示。

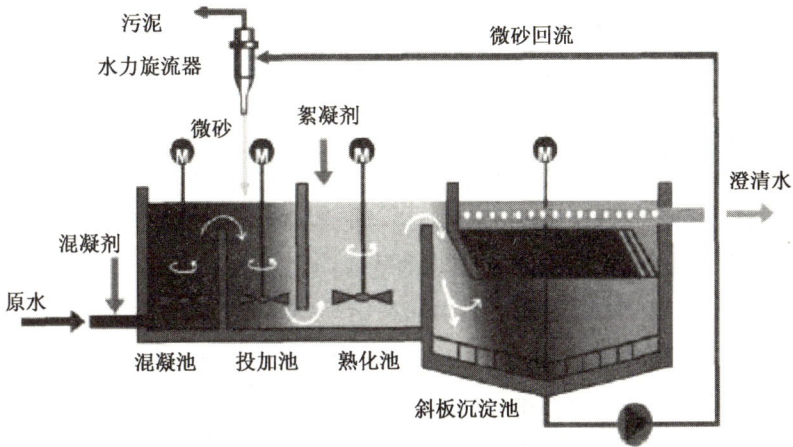

图5.3　Actiflo®高速沉淀池工艺流程

Actiflo®工艺的基本组成如下:

①　混凝池。混凝剂投加在原水中,在快速搅拌器的作用下同污水中悬浮物快速混合,通过中和颗粒表面的负电荷使颗粒"脱稳",形成小的絮体,然后进入絮凝池。同时原水中的磷和混凝剂反应形成磷酸盐达到化学除磷的目的。

②　投加池。微砂和混凝形成的小絮体在快速搅拌器的作用下快速混合,并以微砂为核心形成密度更大、重量更重的絮体,以利于在沉淀池中的

快速沉淀。

③ 熟化池(絮凝池)。絮凝剂促使进入熟化池的小絮体通过吸附、电性中和和相互间的架桥作用形成更大的絮体。慢速搅拌器的搅拌既使药剂和絮体能够充分混合又不会破坏已形成的大絮体。

④ 斜板沉淀池。絮凝后出水进入沉淀池的斜板底部后上向流至上部集水区,颗粒和絮体沉淀在斜板的表面上,并在重力作用下下滑。较大的上升流速使污水在60°倾斜的斜板上形成一个连续自刮的过程,絮体不会积累在斜板上。

微砂随污泥沿斜板表面下滑并沉淀在沉淀池底部,然后循环泵把微砂和污泥输送到水力分离器中,在离心力的作用下,微砂和污泥进行分离:微砂从下层流出后直接回到投加池中,污泥从上层流溢出后通过重力流流向污泥处理系统。

沉淀后的水由分布在斜板沉淀池顶部的不锈钢集水槽收集和排放。

(2) DensaDeg®工艺

DensaDeg®高密度澄清池是由法国 Degremont 公司开发,可用于饮用水澄清、三次除磷、强化初沉处理以及合流制污水溢流和生活污水溢流处理。该工艺现已在法国、德国、瑞士得到推广应用。随着近年来国外各大水务公司进入中国市场,国内也有个别水厂利用该技术对现有工艺进行了扩建改造,如在乌鲁木齐石墩子山水厂的扩建改造工程中即采用了该项技术。

DensaDeg®工艺结合了混凝、斜管沉淀、污泥回流等技术,其特点是絮凝污泥外部循环回流,可起到载体絮凝的效果,加快了絮凝过程并保证了生成絮体的质量。构造上它主要分为反应区、预沉/浓缩区、斜管澄清区(见图5.4)。反应区主要由快速搅拌反应池和慢速推流反应池组成,前者使原水与混凝剂充分混合,起到预混凝的作用;后者则通过慢速推流使絮体得到充分“生长”。整个反应区内可形成絮凝质量好、密度大、分离性能好的混合体系。充分混凝后的混合液进入预沉/浓缩区进行快速分离,上部的初沉水进入斜管澄清区以进一步去除水中的残留絮体,下部的泥浆经浓缩后被刮泥机刮入泥槽,部分污泥回流至进水中,剩余部分则排入污泥处理系统。

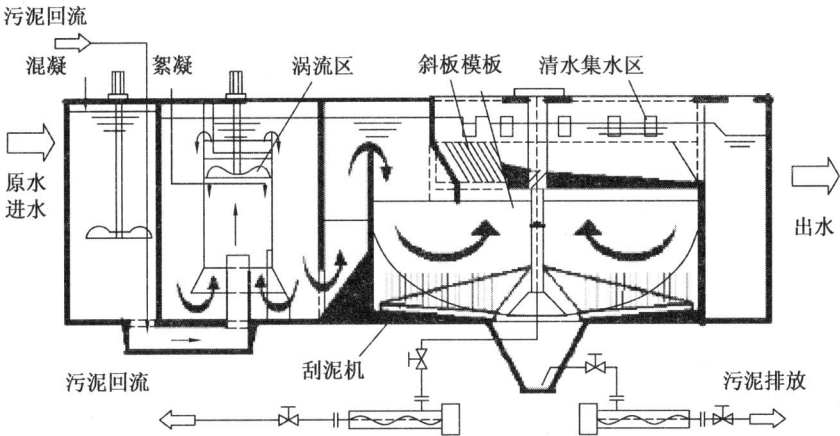

图 5.4 DensaDeg®高密度沉淀池工艺流程

DensaDeg®工艺组成如下：

① 反应池。反应池采用得利满专利技术是 DensaDeg®工艺的根本特色。理化反应,如高效的沉淀-絮凝或其他特殊类型的沉淀反应均在该池中发生。

反应池有两个区域:快速搅拌区域和慢速搅拌区域。每区域的絮凝能量有所差别。反应池中部絮凝的速度快,由一个轴流叶轮进行搅拌,该叶轮使水流在反应器内循环流动。周边区域的活塞流易导致絮凝速度缓慢。

投入混凝剂的原水通常进入搅拌反应器的底部。絮凝剂加在涡轮桨的底部。聚合物的投加受 DensaDeg®高密度沉淀池的原水控制。

在该搅拌区域内悬浮固体(矾花或沉淀物)的浓度维持在最佳水平。污泥的浓度通过来自污泥浓缩区的浓缩污泥的外部循环得到保证。

搅拌的外部区域,因砂能量低,保证了矾花的增大和密实。

反应池独特设计的结果,即能够形成较大块的、密实的、均匀的矾花。这些矾花以比现今其他正在使用的沉淀系统快得多的速度进入预沉区。

② 预沉池-浓缩池。当矾花进入面积较大的预沉区时,它的移动速度减小。这样可以避免矾花的破裂及涡流的形成,也使绝大部分的悬浮固体在该区沉淀并浓缩。泥板装有锥头刮泥机。

部分浓缩污泥在浓缩池中被抽出并泵送回至反应池入口。浓缩区可分为两层:一层在锥形循环筒上面,另一层在锥形循环筒下面。剩余的污泥从预沉池-浓缩池的底部抽出。

③ 斜板分离池。在斜板沉淀区除去剩余的矾花。精心的设计使斜板区的配水十分均匀。正是因为在整个斜板面积上均匀地配水,所以水流不会短路,从而使得沉淀在最佳状态下完成。

沉淀水由一个收集槽系统收集。矾花堆积在沉淀池下部,形成的污泥也在这部分区域被浓缩。根据装置的尺寸,污泥靠自重收集或刮除,或被循环至反应池前部。

Degremont 公司还开发了一种专门用于处理各种污水溢流的 DensaDeg® 4D 澄清池,其基本原理与 DensaDeg® 工艺类似,主要是通过以下功能达到净化水体的目的:去除沙砾、去除油脂、整体化的凝聚絮凝单元加斜管沉淀、污泥稠化及浓缩。其工作流程为:已投加混凝剂的原水首先进入预混凝池,通过空气搅拌使无机电解质与水中颗粒充分接触反应,使水中的粗大沙砾直接沉降在池底并被排出;预混凝后的出水进入絮凝池后与回流污泥以及投加的高聚物絮凝剂在机械搅拌下充分混合,形成密实的矾花;充分混凝后的水体最后进入斜管澄清池,在预沉区大部分絮体与水分离,剩余部分通过斜管沉淀池被除去。漂浮在水体表层的油脂通过刮油器收集而达到除油的目的;沉积在澄清池底的污泥部分回流,剩余部分则被稠化浓缩。

（3）Multilfo 高密度沉淀池工艺

Multilfo 高密度沉淀池工艺为法国威立雅环境集团注册技术。它适用于溢流污水的处理。

Multilfo 高密度沉淀池工艺流程如图 5.5 所示。

Multilfo 工艺组成如下:

① 混凝池。混凝剂投加在原水中,在快速搅拌器的作用下同污水中的悬浮物快速混合,通过中和颗粒表面的负电荷使颗粒"脱稳",形成小的絮体,然后进入絮凝池。同时,原水中的磷与混凝剂反应形成磷酸盐达到化学除磷的目的。

② 絮凝池。絮凝剂促使进入的小絮体通过吸附、电性中和及相互间的架桥作用形成更大的絮体。慢速搅拌器的作用使药剂和絮体既能够充分混合又不会破坏已形成的大絮体。

③ 斜板沉淀池。絮凝后出水进入沉淀池的斜板分沉淀区域,实现泥水

分离。

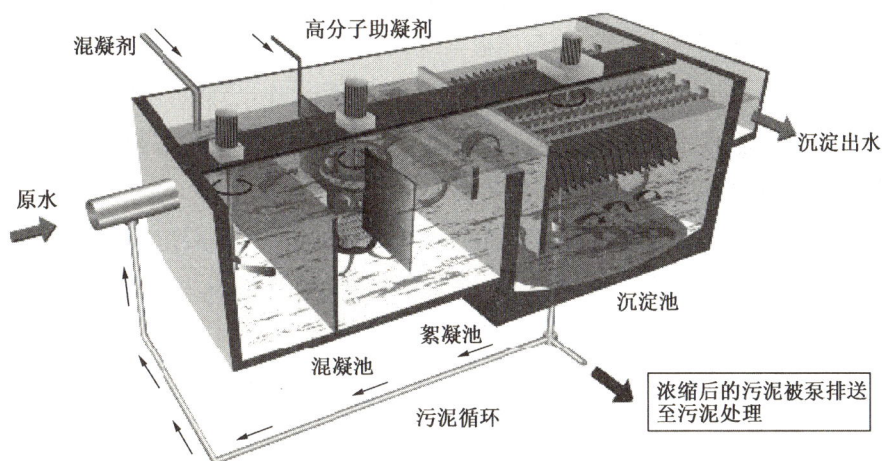

图 5.5　**Multilfo 高密度沉淀池工艺流程**

　　沉淀的污泥沿着斜板下滑然后跌落到池底,污泥在池底被浓缩。刮泥机上的栅条可以提高污泥的浓缩效果,慢速旋转的刮泥机把污泥连续地刮进中心集泥坑。浓缩污泥按照设定的程序或者由泥位计来控制以达到一个优化的污泥浓度,然后间断地被排到污泥处理系统。

　　沉淀后的澄清水由分布在斜板沉淀池顶部的不锈钢集水槽收集、排放进入后续工艺。

　　(4) 新型中置式高密度沉淀池

　　新型中置式高密度沉淀池是上海市政工程研究总院设计的新池型,该工艺过程集中了斜管沉淀池、机械搅拌澄清池和高密度沉淀池的优点,将混合、絮凝、沉淀、污泥浓缩综合于一体。中置式高密度沉淀池设有 5 个过程区:混合区、絮凝反应区、分离沉淀区、浓缩排泥区和分离出水区。

　　新型中置式高密度沉淀池有以下优点:① 占地面积小;② 絮凝时间较短。由于污泥回流,可形成高浓度混合液,大大提高絮凝效果,缩短机械搅拌阶段的絮凝时间;③ 布水均匀。由于采用了池中向两侧均匀布水的形式,大大缩短了布水路径,从而有效避免了布水不均影响出水水质的问题;④ 减少了加药量;⑤ 沉淀池的水流流势合理。由于进出沉淀池水流是由上而下再由下而上垂直运动,泥水分离效果更彻底,不易跑矾花;⑥ 结构设计简单,布置简洁合理。

中置式高密度沉淀池主要包括主池体,设置在主池体底部的浓缩排泥区,位于主池体上部的配水堰及挡板系统,与该配水堰及挡板系统连通的斜管区和矩形出水槽,在主池体外部设置污泥回流泵,连接到主池体排泥浓缩区并与外部连通的进水管。其特征包括:混合搅拌机、絮凝搅拌机及附属的不锈钢筒体、刮泥机、斜管区和矩形出水槽均位于主池体内,污泥管道连通污泥回流泵和进水管及主池体下部浓缩排泥区。其中,絮凝搅拌机和污泥回流泵由变频电动机控制,浓缩刮泥机底部带有搅拌栅条。新型中置式高密度沉淀池的结构如图5.6所示。

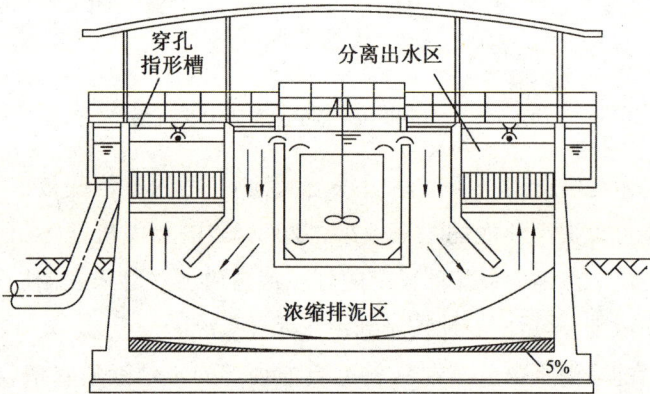

图5.6　新型中置式高密度沉淀池结构示意

中置式高密度沉淀池的运行条件与控制如下:

① 实现条件。中置式高密度沉淀池对原水水质的适应性很强,尤其是对浊度的指标,池内回流污泥的浓度高达 30 000 mg/L 以上,原水浊度从几十到几百 NTU 对于沉淀池内部回流污泥的浓度而言差别不大,通过加药量及运行参数的相应变化可以保证出水水质达标,因此原水水质条件并不是制约其处理效果的主要工艺条件。根据对已有生产实例的调查研究,池体结构精度、加药量控制、搅拌提升机械设备工况调节、污泥排放时机和持续时间是决定工艺是否成功的关键。

② 加药量控制。中置式高密度池的运行需投加混凝剂和助凝剂。混凝剂通常采用硫酸铝、聚氯化铝和聚氯化铝铁等常规投加药剂,助凝剂通常采

用聚丙烯酰胺等。投加的混凝剂在池体内与原水颗粒杂质和池内污泥充分接触反应,发挥其吸附桥架作用,投加量较普通平流沉淀池少。助凝剂对降低出水浊度的效果显著,但水质标准对水中丙烯酰胺单体有严格控制要求,因此需根据原水水质和水量变化调整加药量。

③ 设备控制。中置式高密度沉淀池采用的主要工艺设备有混合搅拌机、絮凝搅拌机及导流筒体、周边传动刮泥机和污泥回流泵。

a. 混合搅拌机。叶轮设在水下,电动机和齿轮箱设在水面以上,通过搅拌轴连接。通过水下高速搅拌,使投加的混凝剂与原水充分混合,达到扩散和均匀混合的目的。转速一般为 100 ～ 150 r/min,均匀度达 95% 以上。

b. 絮凝搅拌机及导流筒体。叶轮和导流筒体设在水下,电动机和齿轮箱设在水面以上,通过搅拌轴连接。通过水下低速絮凝搅拌,投加的混凝剂和助凝剂与含有回流污泥的原水充分混合并凝聚。转速一般为 30 ～ 70 r/min,可变频调速。导流筒体直径配合絮凝搅拌机能力和要求。

c. 周边传动刮泥机。电动机和齿轮箱设在水面以上,传动齿轮和刮泥浓缩机设在水下池底,通过传动轴连接。通过水下慢速刮泥将池底沉积污泥推向池底中央排泥斗,同时通过刮泥机上的栅条将污泥分子间隙水排除,达到污泥浓缩的效果。刮泥机外缘线速度一般为 20 ～ 30 mm/s。

d. 污泥回流泵。污泥泵安装在池体外的污泥泵房内。它将池体下部浓缩污泥送入混合室与原水进行混合,当池体污泥积累过多时,将污泥排出池外。污泥回流泵能力按照设计水量的大小和污泥浓度综合分析进行配置。它采用变频调速电动机,可根据实际水量和水质条件调节回流量。

5.5　维护与管理

5.5.1　沉淀池的运行管理

(1) 配水

多个沉淀池并列运行时,应将污水水量均匀分配到各池,以充分发挥各池的能力,并保持同样的沉淀效果。如果水量分配均匀,发现各池沉淀效果有明显差异,在无其他原因时,可适当改变各池分担的流量,提高各池和整个系统的出水水质。

（2）巡视

定时观察沉淀池的沉淀效果,如出水浊度、泥面高度、沉淀的悬浮物状态,水面浮泥或浮渣情况等,检查各管道附件、排泥刮渣装置是否正常。

（3）出水堰

观察出水堰堰口是否保持水平,各堰出流是否均匀,堰口是否严重堵塞。必要时应调节堰板的安装状况,或在堰口设置调节块,或堰前设置挡板均衡出流量。

（4）污泥排出

根据沉淀池污泥的产量和贮泥时间,应及时排出污泥,泥斗积泥太多会发生污泥腐败和反硝化等异常现象,排泥过多使泥水浓度太稀,使污泥的含水率提高。一般情况下初沉池污泥存积时间可长些,每日排泥一次。

（5）清除浮渣

浮渣过多,会影响出水水质,尤其是沉淀池过多大的浮渣会影响刮渣机的运行,必须保证刮渣机正常运行,去除浮渣,必要时应人工清除。

（6）设备维护

应定期或视需要对金属部件或设备进行防锈处理或维修。

（7）运行测试

① 污水悬浮物的浓度:通过测定进出水的悬浮物浓度即可知沉淀池的去除率。

② 污水的 BOD、COD 浓度:计算沉淀池的 BOD、COD 去除率,并比较进出水的 BOD、COD 值。

③ 污泥的体积(sludge volume,简称 SV)和固体浓度:测定沉淀污泥的性能和数量,如测量混合液悬浮固体(mixed liquor suspended solid,简称 MLSS)与混合液挥发性悬浮固体(mixed liquor volatile suspended solid,简称 MLVSS)的浓度之比,判定污泥的可沉降性。

5.5.2　沉淀池的异常问题及解决对策

沉淀池池体平面多为矩形,进口设在池长的一端,一般采用淹没进水孔,水由进水渠通过均匀分布的进水孔流入池体,进水孔后设有挡板,使水流均匀地分布在整个池宽的横断面。沉淀池的出口设在池长的另一端,多采用溢流堰,以保证沉淀后的澄清水可沿池宽均匀地流入出水渠。堰前设浮渣槽和挡板以截留水面浮渣。水流部分是池的主体。池宽和池深要保证水流沿池的过水断面布水均匀,依设计流速缓慢而稳定地流过。池的长宽比一般不小于 4,池的有效水深一般不超过 3 m。污泥斗用来积聚沉淀下来的污泥,多设在池前部的池底以下,斗底有排泥管,定期排泥。

　　为避免短流,一是在设计中尽量采取一些措施(如采用适宜的进水分配装置,以消除进口射流,使水流均匀分布在沉淀池的过水断面上,降低湍流强度并防止污泥区附近的流速过大,采用指形出水槽以延长出流堰的长度;沉淀池加盖或设置隔墙,以降低池水受风力和光照升温的影响;高浓度水经过预沉,以减少进水悬浮固体浓度高产生的异重流等);二是加强运行管理,在沉淀池投产前应严格检查出水堰是否平直,发现问题,要及时修理。在运行中,浮渣可能堵塞部分溢流堰口,致使整个出流堰的单位长度溢流量不等而产生水流抽吸,操作人员应及时清理堰口上的浮渣;用塑料加工的锯齿形三角堰因时间关系,可能发生变形,管理人员应及时维修或更换,以保证出流均匀,减少短流。通过采取上述措施,可使沉淀池的短流现象降低到最小限度。对于已经在斜板和斜管上生长的藻类,可用高压力水冲洗,往往一经冲洗即可去除附着的藻类。

　　沉淀池常见的异常问题及解决对策如下:

　　(1)出水带有大量悬浮颗粒

　　原因:水力负荷冲击或长期超负荷,因短流而减少了停留时间,以至絮体在沉降前即流出出水堰。

　　解决办法:均匀分配水力负荷;调整进水、出水设施,减小冲击负荷,有利于克服短流;投加絮凝剂,改善某些难沉淀悬浮物的沉降性能,如胶体或乳化油颗粒的絮凝;调整进入初沉池的剩余污泥的负荷。

　　(2)出水堰脏且出水不均

　　原因:污泥黏附、藻类长在堰上,或浮渣等物体卡在堰口上,导致出水堰脏,甚至某些堰口堵塞导致出水不均。

　　解决办法:经常清除出水堰口卡住的污物;适当加药消毒阻止污泥、藻类在堰口的生长积累。

（3）污泥上浮

原因：污泥停留时间过长，有机质腐败。

解决办法：保证正常的贮泥和排泥时间；检查排泥设备故障；清除沉淀池内壁、部件或某些死角的污泥。

（4）浮渣溢流

原因：浮渣去除装置位置不当或去除频次过低，浮渣停留时间长。

解决办法：维修浮渣刮除装置；调整浮渣刮除频率；严格控制浮渣的产生量。

（5）污泥管道或设备堵塞

原因：沉淀池污泥中易沉淀物含量高，而管道或设备口径太小，又不经常工作。

解决办法：设置清通措施；增加污泥设备的操作频率；改进污泥管道或设备。

（6）刮泥机故障

原因：刮泥机因承受过高负荷等原因停止运行。

解决办法：缩短贮泥时间，降低存泥量；检查刮板是否被砖石、工具或松动的零件卡住；及时更换损坏的连环、刮泥板等部件；防止沉淀池表面积冰；调慢刮泥机的转速。

第6章

溢流污水处理工程施工

6.1　溢流污水处理工程选址

6.1.1　总体要求

（1）管网与处理设施的建设宜由同一家单位设计、施工。

（2）标高控制必须贯穿于整个工程建设的全过程。

（3）系统所涉及的管网（包括检查井等）以及构筑物（各类池体、人工湿地等）内部及其接口部分，须采取防渗措施，防止污水经管道及构筑物下渗进入地下水体。

6.1.2　选址原则

溢流污水处理工程选址应根据城市总体规划布局，结合竖向规划和道路布局、坡向以及城市污水收纳水体和污水处理厂位置进行流域划分和系统布局。

构筑物的选址规划应根据城市的规模、布局及城市污水系统的分布，结合城市污水受纳水体的位置、环境容量和处理后污水、污泥的出路，经综合评价后确定。

处理工程中的厂、站不宜设置在不良地质地段和洪水淹没、内涝低洼地区。但必须在上述地段设置厂、站时，应采取可靠的防护措施，其设防标准不应低于所在城市设防的相应等级。

管网应以重力流为主，布置在排水区域内地势较低或便于雨水、污水汇集的地带。管网宜规划城市道路敷设，并与道路中心线平行；截流干管宜沿受纳水体岸边布置。

6.2　工程施工与验收

6.2.1　一般规定

水污染治理工程施工单位应具有与该工程要求相对应的资质等级。

水污染治理工程施工前应由设计单位进行设计交底,当施工单位发现施工图有错误时,应及时向设计单位和建设单位提出变更设计的要求,变更设计应经过设计单位的同意。

水污染治理工程应按工程设计图纸、技术文件、设备图纸等组织施工,施工和设备安装应符合相应的国家或行业规范。

施工单位应根据施工要求制定完善的施工组织设计。施工组织设计的主要内容应包括工程概况、施工部署、施工方法、施工技术组织措施、施工计划、环境保护措施及施工总平面布置图。

施工单位在冬期、雨季进行施工时,应制定冬期、雨季施工技术和安全措施,保证施工质量和安全。

工程施工中受地下水影响时,施工全过程应采取降水措施,且应符合GBJ 141的规定。

施工使用的材料、半成品、设备应符合国家现行标准和设计要求,并取得供货商的合格证书,严禁使用不合格产品。

水污染治理工程建设单位应专门成立项目管理机构,组织建设项目的设计、施工、设备招投标,并参与设计会审、设备监制、施工质量检查,制定运行和维护规章制度,培训运行、维护操作人员,组织、参与工程各阶段验收、调试和试运行,建立设备安装及运行档案。

城镇污水处理厂的施工测量应符合 GB 50334 的规定,工业废水处理工程宜参照执行。

水污染治理工程中构筑物、建筑物、管道及设备的地基及基础工程的施工应符合 GBJ 141,GB 50334 及 GB 50202 的规定。

6.2.2　土建工程施工

1. 池体构筑物的施工要求

（1）施工技术要求

池体构筑物的底板应连续浇筑；池体土建施工应考虑后续设备、管道的安装。池体应按照设计要求和厂家的设备安装说明书埋设预埋件、留设孔洞。预埋件、预留孔洞位置的标高、尺寸、数量应准确。

（2）质量要求

池体构筑物施工质量应符合 GBJ 141,GB 50204,GB 50334 的规定。

① 土方工程：主要检查池坑开挖的规整度，检查的内容包括以下 4 方面：

a. 直径：允许偏差 ±20 mm，用尺量，检查不得少于 4 个点。

b. 标高：允许偏差 +15 mm，-5 mm，用水准仪或水平尺、水平管量，检查点数不得少于 4 个。

c. 垂直度：允许偏差 ±10 mm，用重锤线和尺量，检查点数不得少于 4 个。

d. 表面平整度：允许偏差 ±5 mm，用水平尺或水平管量，检查点数不得少于 4 个。

② 模板工程：主要检查模板（砖模、钢模或木模）和支撑件应有足够的强度、刚度和稳定性，并要求拆装方便。模板缝隙不能漏浆。

③ 混凝土工程：混凝土工程检查验收主要有两方面内容：一是混凝土的质量；二是混凝土的浇筑。

a. 混凝土的质量主要检查材料是否符合要求，配合比和拌和是否均匀，水灰比和坍落度是否符合要求。

b. 混凝土的浇筑：混凝土应振捣密实，不允许有蜂窝、麻面和裂纹等缺陷。

c. 现浇混凝土沼气池几何尺寸检验验收的方法：

内外径：允许偏差 +3 mm，-5 mm，拉线用尺量，检查点数不得少于 4 个。

池墙标高：允许偏差 +5 mm，-10 mm，用水平仪检测或拉线用尺量，检查点数不得少于 4 个。

池墙垂直度：允许偏差 ±5 mm，吊线用尺量，检查点数不得少于 4 个。

圈梁断面尺寸:允许偏差 +5 mm, -3 mm,用尺量,检查点数不得少于 4 个。

池壁厚度:允许偏差 +5 mm, -3 mm,用尺量,检查点数不得少于 4 个。

④ 砖砌体工程:砖砌体中砂浆应饱满密实,垂直及水平缝的砂浆饱满度不得低于 95%;不允许出现内外相通的孔隙。检查方法:在不同部位各掀三块砖,检查砖底面、侧面砂浆的接触面积,取其平均值。砖砌体竖缝错开不准有通缝;水平灰缝要平直,平直度偏差不得超过 10 mm。

砖砌体几何尺寸检查内容如下:

a. 直径:允许偏差 ±5 mm,检查点数不得少于 2 个。

b. 标高:允许偏差 +5 mm, -15 mm,检查点数不得少于 4 个点,用水平尺拉线或水平管检查。

c. 水平灰缝平直度:允许偏差 ±10 mm,检查点数不得少于 2 个,用水平尺拉线或水平管检查。

d. 水平灰缝厚度:允许偏差 ±3 mm,用尺检查,检查点数不得少于 3 个。

e. 池墙垂直度:允许偏差 1 m 范围内 ±5 mm,检查点数不得少于 3 个。

⑤ 沼气池水泥密封粉刷层检查验收:水泥密封层应灰浆涂满,抹压密实,无翻砂、无裂纹、无空鼓、无脱落,表层光滑。接缝要严密,各层间黏结牢固。

(3) 池体注水检测要求

每座池体构筑物应做满水试验,试验应按 GBJ 141 进行。

有气密性要求的池体构筑物除进行满水试验外,还应进行气密性试验。消化池的气密性试验应符合 GBJ 141 的规定。

2. 一般构筑物和建筑物的施工要求

(1) 施工技术要求

混凝土、砂浆、防水材料、胶粘剂等现场配制的材料,应严格按照配合比和施工程序进行。

构筑物和建筑物施工时,宜按先地下后地上、先深后浅的顺序施工,并应防止各构筑物和建筑物交叉施工时相互干扰。

(2) 质量要求

建筑工程施工质量应符合 GB 50300 的规定。建筑工程各专业工程施工质量按各专业验收规范,并与 GB 50300 配合使用。

泵房的施工质量应符合 GBJ 141 和 GB 50334 的规定,其他构筑物施工质量宜参照 GB 50300 执行。

3. 配套工程的施工要求

(1) 施工技术要求

道路工程的沥青路面和水泥混凝土施工应严格按照施工程序。

照明工程设备器材的运输、保管应符合国家有关物资运输、保管的规定;当产品有特殊要求时,应符合特殊产品的规定,设备器材订货宜通过正式招标程序。

凡所使用的电气设备及器材,均应符合现行技术标准,并具有合格证件。设备应有铭牌,设备器材订货宜通过正式招标程序。

电缆通过地面或楼板、墙壁及易受机械损伤处,均应设置保护套管。

绿化工程应按照批准的绿化工程设计及有关文件施工。施工人员应掌握设计意图,进行工程准备。厂(站)综合工程中的绿化种植,应在主要建筑物、地下管线、道路工程等主体工程完成后进行。

(2) 质量要求

道路工程的施工质量应符合 GB 50092,GBJ 97 的规定。

照明工程的施工质量应符合 GBJ 232 的规定。

绿化工程的施工质量应符合 CJJ/T 82 的规定。

6.2.3 安装工程施工

1. 设备安装的施工要求

(1) 施工技术要求

设备安装前应按设计或设备安装说明书对预埋件、预留洞的尺寸、位置和数量进行复检,如设计或设备安装说明书无规定,宜按 GB 50231 的允许偏差对设备的基础位置和几何尺寸进行复检。

设备安装中,应进行自检、互检和专业检查,并应对每道工序进行检验和记录。

设备的单机运行调试应按照设备说明书和设计要求进行,无要求时宜参照 GB 50231 执行。

（2）质量要求

设备安装质量应符合 GB 50334 的规定，其他设备宜参照 GB 50231 执行。

压力容器质量应符合 GB 150 的规定。压力容器和沼气柜（罐）应按照结构、密闭形式分部位进行气密性试验。

2. 管道安装的施工要求

（1）施工技术要求

管道工程施工应掌握管道沿线的情况和资料，宜参照 GB 50268 执行。

施工测量及沟槽的施工宜参照 GB 50268 执行。

管道及配件装卸时应轻装轻放，运输时应垫稳、绑牢，不得相互撞击；接口及管道的内外防腐层应采取保护措施。

管道安装时，应随时清扫管道中的杂物，给水管道暂时停止安装时，两端应临时封堵。

地下管道施工后，对覆地要求分层夯实，确保道路质量。

（2）质量要求

给水排水管道工程质量应符合 GB 50268 的规定，工业管道质量应符合 GB 50235，GB 50236 的规定。

（3）压力与密闭性测试

压力管道回填土前，应采用水压试验法进行管道强度及严密性试验；无压力管道回填土前，应进行严密性试验。试验应符合 GB 50268 的规定。

6.2.4 系统联合调试

1. 系统联合调试的准备

设备及其附属装置、管路等均应全部施工完毕，施工记录及资料应齐全。设备的工作精度和几何精度经检验合格。设备及其润滑、液压、气（汽）动、冷却、加热和电气及控制等附属装置，均应单独调试检查并符合试运转的要求。

需要的能源、介质、材料、工机具、检测仪器、安全防护设施及用具等，均应符合试运转的要求。

对复杂和精密的设备，应编制试运转方案或试运转操作规程。

参加试运转的人员，应熟悉设备的构造、性能、设备技术文件，并应掌握操作规程及试运转操作。

设备及周围环境应清扫干净,设备附近不得进行有粉尘或噪音较大的作业。

2. 系统联合调试的实施

联合调试应按工程项目设计实施要求进行,不宜用模拟方法代替。

联合调试顺序为部件—组件—单机—整机(整个系统),按说明书和生产操作程序进行。

应在对污水处理工程单池、单机进行调试的基础上,进行整体性联动调试。

3. 联合调试效果检查

设备的各转动和移动部分,用手(或其他方式)盘动,应灵活,无卡滞现象;安全装置(安全联锁)、紧急停机和报警讯号等经试验均应正确、灵敏、可靠;各种手柄操作位置、按钮、控制显示和讯号等,应与实际动作及其运动方向相符;压力、温度、流量等仪表、仪器指示均应正确、灵敏、可靠。

应按有关规定调整往复运动部件的行程、变速和限位;在整个行程上其运动应平稳,不应有振动、爬行和停滞现象;换向不得有不正常的声响。

设备均应进行设计状态下各级速度(低、中、高)的运转试验。其启动、运转、停止和制动,在手动、半自动和自动控制下,均应正确、可靠、无异常现象;联合调试效果应达到设计要求并填写联合调试记录。

6.2.5　工程验收

1. 排污管道施工质量的验收

排污管道的施工虽然不属于处理设施的施工内容,但小区内的污水管道施工质量的好坏,对处理设施能否正常运行影响很大。因此,排污管道施工质量很重要。排污管道施工质量的关键有如下两点:

(1) 管道的坡度

由于农村居住比较分散,污水收集管道比较长,即使新建的集中居住小区,生活污水至污水处理设施的距离还是很远。而农村大多数都没有排污总管,净化后的出水直接向附近河道排放,受河道水位的限制,一般排放口都不可能很深,为了使污水能顺利流入污水处理设施,处理后又能排出,在污水管道的设计时对各段的坡度都要严格控制,因此在进行污水管道施工时,管道的坡度必须严格按照设计要求进行施工,否则会出现流不进来,排不出去的现象。

（2）污水管网的密闭性

污水管网坡度虽然能按照设计的要求进行施工,但如果污水管网的密闭性没有达到要求,同样会给处理带来影响。由于污水管网渗漏,污水中的水分渗透到管道四周的土壤中,污水管道中浓度增大,天长日久管道中会积累很多固体物质引起堵塞。因此,污水管网施工时窨井内部要进行防渗粉刷,管道要按施工规范把接头部分进行防渗处理,施工结束后应对整个污水管网进行总体的闭水试验。

2. 单项工程验收

与工业生产工程同步建设的水污染治理工程应与生产工程同时验收;现有生产设备配套或改造的水污染治理设施应进行单独验收;在一个建设项目中,一个单项工程或一个车间已按设计要求建设完成,能满足生产要求或具备独立运行和使用条件,可进行单项工程验收。

单项工程验收应具备下列文件:

① 上级主管部门批准的初步设计、调整概算及其他有关设计文件。

② 施工图纸及其审查资料、设备技术资料。

③ 国家颁发的环保安全、压力容器等规定。

④ 有关部门颁发的专业工程技术验收规范、规程及建筑安装工程质量检验评定标准。

⑤ 引进项目的合同及国外提供的设计文件等。

单项工程验收标准如下:

① 土建工程验收应符合 GB 50300,GB 50202,GB 50203,GB 50204,GB 50205,GB 50206 及相关验收规范的规定。

② 管道工程验收应按设计内容、设计要求、施工规格、验收规范分全部或分段验收。

③ 设备验收应符合规定要求达到合格;管道内部垃圾应清除,自来水管道应经过清洗和消毒,输气管道要经过通气换气。

④ 在施工前,对管道材质用防腐层（内壁及外壁）应根据规定标准进行

验收,钢管应注意焊接质量,并加以评定和验收;对设计中选定的闸阀产品质量应慎重检验。

⑤ 安装工程验收应符合 GB 150,GB 50231,GB 50235,GB 50236, GB 50275,GB 50254,GB 50255,GB 50256,GB 50257,GB 50258,GB 50259, JB/T 8536,JB/T 8471 和安装文件的规定。

单项工程验收的具体内容如下:

(1) 池体构筑物施工质量验收

① 砖砌池壁各砖层之间应上下错缝,内外搭砌,灰缝均匀一致。水平灰缝厚度和竖向灰缝宽度范围为 8 ~ 12 mm,宜为 10 mm。圆形池壁,里口灰缝宽度不应小于 5 mm。

② 砖砌时砂浆应满铺满挤,挤出的砂浆应随时刮平,严禁用敲击砖体的方法纠正偏差。

③ 砖砌体水池的施工允许偏差应符合表 6.1 的规定。

表 6.1　砖砌水池施工允许偏差

项　目		允许偏差/mm
轴线位置(池壁、隔墙)		10
高程(池壁、隔墙的顶面)		±15
平面尺寸 (池体长、宽或直径)L/m	$L \leqslant 20$	±20
	$20 \leqslant L < 50$	$\pm L/1\,000$
垂直度 (池壁、隔墙)H/m	$H \leqslant 5$	8
	$H > 5$	$1.5H/1\,000$
表面平整度 (用2 m 直尺检查)	清水	5
中心位置	预埋件、预理管	5
	留洞	10

(2) 净化池内管道安装的验收

① 管道的进水口与出水口标高误差为 ±20 mm。

② 管道的垂直度误差为 ±5°。

③ 安装的管道标准应符合设计要求。

（3）池内部弹性填料安装的验收

① 弹性填料支架安放标高误差为 ± 20 mm。

② 弹性填料悬挂钢绳的材质、直径应符合设计要求。

③ 弹性填料的选用符合设计要求,填料安放的间距应符合设计要求。

④ 弹性填料支架按设计要求进行防腐处理。

（4）人工湿地/土壤滤床施工的验收

① 填料必须严格按照设计要求安放,每一种规格粒径的填料厚度误差为 ± 20 mm。

② 植物栽种的品种必须按设计要求进行采购,采购时要选择健壮、无病害的。不同品种栽种的位置要按设计图的布置进行。

3. 工程的竣工验收

工程竣工后,建设单位应根据法律、相应专业现行验收规范和有关规定,依据验收监测或调查结果,并通过现场检查等手段,考核建设项目是否达到竣工要求。

施工单位在全面完成所承包的工程,经总监理工程师同意后,应向建设单位提出申请,建设单位核实符合交工验收条件后,组织建设、设计、施工、监理、养护管理、质量监督等单位代表组成验收组,对工程质量进行验收。

工程进行验收应具备的条件:

① 生产性项目和辅助公用设施,已按施工合同和设计要求建成,能满足生产要求。

② 主要工艺设备安装配套,经负荷联动试车合格,形成生产能力。

③ 环境保护设施、劳动安全卫生设施、消防设施已按设计要求与主体工程同时建成使用。

④ 施工单位按有关规定已编制竣工图、施工文件等竣工资料。

⑤ 质量监督部门已完成工程质量监督总结。

⑥ 对已经交付竣工验收的单位工程或单项工程(中间交工)并已办理了移交手续的,不再重复办理验收手续,但应将单位工程或单项工程竣工验收报告作为全部工程竣工验收的附件加以说明。

6.2.6　环境保护验收

水污染治理工程经环境保护验收合格后,方可正式投入使用运行。

宜在自生产试运行之日起的 3 个月内,向有审批权的环境保护行政主管部门申请该工程的环境保护验收。对生产试运行 3 个月仍不具备环境保护验收条件的,可申请延期验收,但生产试运行期限最长不超过一年。

水污染治理工程环境保护验收应具备下列文件:

① 项目环境影响报告书审批文件。

② 批准的设计文件和设计变更文件。

③ 各类污染物环境监测报告。

④ 水污染治理单元性能试验报告。

⑤ 试运行期间水质连续监测报告。

⑥ 完整的启动试运行、生产试运行记录等。

水污染治理工程环境保护验收除应执行《建设项目竣工环境保护验收管理办法》和行业环境保护验收规范外,在生产试运行期间还应对水污染治理装置进行性能试验。性能试验报告应作为环境保护验收的重要内容。

水污染治理工程环境保护验收监测应符合《建设项目环境保护设施竣工验收监测技术要求》的规定。

水污染治理工程通过环境保护验收应具备下列条件:

① 具备了项目可研、批复及设计文件中确定的项目建设规模、内容、工艺方法及与建设项目有关的各项环境设施,包括监测手段,各项生态保护措施要求和条件。

② 达到了环境影响评价文件及其批复规定应采取的各项环境保护措施、污染物排放、敏感区保护、总量控制以及生态保护的有关要求。

③ 符合各级环境保护主管部门针对建设项目提出的具体环境保护要求。

④ 严格执行了国家法律、法规、行政规章及规划确定的敏感区政策。

⑤ 符合国家相关的产业政策及清洁生产要求。

6.2.7　施工过程安全注意事项

溢流污水处理设施,虽然不属于大型建筑工程,但仍需把安全工作放在第一位。

(1)土壤滤床、人工湿地、吸附床等池体施工中应注意的安全事项

通常情况下,溢流污水处理池体相对较浅,池坑塌方事故不易发生,易发生的安全事故主要是地埋式处理设施池顶塌落。因此,在进行池体施工时,如果采用钢模建池,模具各部分要按规定连接牢固,中轴要用拉绳固定好,不到凝固期不要强行拆模,以免拱顶塌落砸伤。拆模时一定要按拆模规定,按顺序安全拆卸模板,防止模板砸伤。如果采用砖模浇筑拱顶,浇筑后砖模可不拆除,直接在砖模上粉刷。如果要拆除也要等到混凝土凝固期到了之后再拆除。在进行池内粉刷施工时,上下池子时要注意不要踩空跌落。池顶施工结束后不要急于将顶部覆土,待顶部混凝土达到一定强度后再进行覆土。

(2)混凝处理池施工中应注意的安全事项

① 由于混凝池池体相对比较深,而且施工周期比较长,因此在处理池建设过程中,施工场地要设置安全警视标志和围栏,禁止非施工人员进入施工场地,防止跌入净化池内,发生意外事故。

② 施工过程中由于池体较深,因此在进行土方开挖时,要按设计和施工规范要求进行施工,防止塌方事故的发生。

③ 二级厌氧发酵池池顶为现浇混凝土,模板施工过程中要防止模板的脱落砸伤,混凝土浇筑完成后要认真进行养护,拆模一定要达到混凝土凝固期到了之后再拆除。

④ 在进行池内粉刷施工时,上下池子时要注意不要踩空跌落。

6.3　运行与维护

6.3.1　一般规定

水污染治理工程中收集系统的运行管理及设备维护应符合 CJJ 6 和

CJJ 68 的规定;城镇污水处理厂的运行管理及设备维护应符合 CJJ 60 的规定;工业废水处理站的运行管理及设备维护应符合相关环境工程技术规范或 CJJ 60 的规定。

水污染治理工程应建立健全运行与维护管理规章制度和操作规程。

水污染治理工程应对运行操作人员进行培训,运行操作人员应持证上岗。

水污染治理工程应建立完备的水处理工艺、设备及配套设施运行状况与维护状况记录台账。

6.3.2　运行检测

1. 水样的采集和保存

水污染治理工程采样点的布设应符合 GB 50014,GB 12997,HJ/T 91 及 CJJ 60 的规定。

采样器的材质和结构应符合 GB 12998 和 HJ/T 91 的规定。

水样的保存应符合 GB 12999,HJ/T 372 和 HJ/T 91 的规定。

2. 水样的检测项目及检测方法

水样的检测项目及检测方法应根据运行管理的需要按照 HJ/T 91,CJJ 60 的规定执行。

3. 污泥的检测项目

污泥的检测项目与检测周期应根据运行管理的需要按照 CJJ 60 的规定执行。

6.3.3　维护与保养

① 操作人员应严格执行设备操作规程,定时巡视设备运转是否正常,包括温升、响声、振动、电压、电流等,发现问题应尽快检查排除。

② 设备各运转部位应保持良好的润滑状态,及时添加润滑油、除锈;发现漏油、渗油情况,应及时解决。

③ 应定期对各处理构筑物中的设备、仪表进行校正和维修保养。

④ 鼓风曝气系统曝气开始时应排放管路中的存水,并经常检查自动排水阀的可靠性。

⑤ 应及时检查曝气器的堵塞和损坏情况,保持曝气系统状态良好。

6.3.4　日常管理过程中主要的安全事项

（1）防火灾爆炸、防窒息中毒

沼气中的主要成分是甲烷,还有少量的硫化氢、一氧化碳等气体,这些气体在空气中达到一定的浓度会发生燃烧或爆炸。一级厌氧发酵池投入使用后会产生沼气,因此,如果因维修需要打开处理池池内含有沼气的净化池活动盖时,禁止有明火或点燃的烟头接近。为了防止窒息中毒事故的发生,对于需要维修的净化池,在清出内部的原料后,不能马上下池,要先通风,排清池内的沼气,确认无危险后方可下池。下池人员还要系好安全绳,池上要有人员监护,一旦发现池下人员出现不适情况应立即将其拉出池外,安置在通风处,情况严重者应立即送往医院进行抢救。

（2）防止人畜跌入池内

净化池建好后将安全盖板盖好,防止行人、小孩及牲畜掉入池内。

（3）人工湿地床标高控制

湿地床内填料表层面与地面的高差在 0.6 ~0.8 m 之间。为防人不慎跌入湿地床,应设护栏保护。在空旷地、湿地面积较大时,可不设护栏,但应设警示牌。

6.4　排水管材与接口

6.4.1　排水管材

排水管材是排水管网的主要组成部分,其造价约占总造价的 70%。由于新技术在生产中的应用,建筑材料市场上出现了许多新的管材,价格不一,类型多样,因此正确地选择排水管材,对降低整个工程造价,保证整个工程的顺利进行具有重要意义。

1. 排水管材必须满足的条件

选用的排水管材必须符合以下要求:① 有足够的强度,以承受外部埋设土压力、车辆压力、内部水压力以及在运输过程中的动荷载。② 不渗水,以防止污水渗出管道污染地下水及附近地表水体,破坏道路和附近房屋基础,并防止地下水渗入管道使管道排水能力下降,以减小水流阻力,使水流畅通。③ 耐磨抗腐,能抵抗污水和地下水的侵蚀作用。④ 价格合理,易于得到,以降低工程造价。

2. 排水管材的类型

常见的排水管材类型有金属管、陶土管、石棉水泥管、钢筋混凝土管、塑料管、玻璃夹砂管等。

(1) 金属管

常用的金属管有铸铁管和钢管。金属管抗压、抗震、抗渗透性好,内壁光滑,水流阻力小,管节长。其缺点是抗腐蚀性差,价格高。因此只有在特殊地段,排水管道承受高压或对渗漏有特别要求的部位,如泵站的出水承压管、管道穿越铁路等,才采用金属管。

(2) 陶土管和石棉水泥管

陶土管具有水流阻力小、不透水、耐磨损、耐腐蚀的内表面,适用于输送酸碱性较强的工业废水。其主要缺点是管节短施工不便,质脆易碎,抗压、抗弯、抗拉强度低。石棉水泥管强度大,表面光滑,密实不透水,重量轻,管节长,抗腐蚀性强,易于加工;其缺点是质脆不耐磨。

陶土管和石棉水泥管主要用于排除酸性废水或管外有侵蚀性地下水的污水管道。

(3) 混凝土管和钢筋混凝土管

混凝土管和钢筋混凝土管的原材料易获得,价格较低,制造简单方便。其主要缺点是抗腐蚀性差,不宜输送酸性、碱性较强的工业废水;管节较短,接头多,施工复杂,抗渗、抗漏性差。混凝土管和钢筋混凝土管便于就地取材,制造方便,而且可根据抗压的不同要求,制成无压管、低压管、预应力管等,所以在排水管道系统中得到普遍应用。

(4) 塑料管

塑料管种类繁多,其中包括硬聚氯乙烯管(UPVC)、聚乙烯管(PE)、高密度聚乙烯管(HDPE)、聚丙烯管(PP)、聚丁烯管(PB)、苯乙烯管(ABS 工程塑料),其中 UPVC 管最具代表性。

UPVC 管的优点:

① 重量轻,装运方便,其比重仅为钢铸铁管的 1/5,混凝土管的 1/3,其装卸方便,可降低 1/3 ~ 1/2 的运费。

② 具有优异的耐酸、耐碱、抗腐蚀性,产品使用寿命长,一般大于 50 年。

③ 流动阻力小。UPVC 管内壁光滑,其粗糙系数仅为 0.009,而混凝土管、钢筋混凝土管的粗糙系数为 0.013 ～ 0.014,故在同等管径、同坡度的条件下,比混凝土管、钢筋混凝土管的过水能力高 30% 左右,或在相同流量下管径可缩小。

④ 其机械强度大,UPVC 管耐水压强度、外压强度、冲击强度良好。

⑤ 不影响水质,不会造成二次污染。

⑥ 施工简易,易于维护。

近来流行通过特定工艺将 UPVC 管制成内壁光滑、外壁波纹,内外壁中空的双壁波纹 UPVC 管,大大增强其抵抗土壤负荷的能力(抗外压)。

(5) 玻璃夹砂钢管

玻璃夹砂钢管有如下特性:

① 具有优良的抗腐蚀性能,不会对水产生二次污染,使用寿命长,一般大于 50 年。

② 重量轻,管材重量仅占同规格、同长度球墨铸铁管的 1/4,是水泥管材重量的 1/10,且运输装卸方便,易于安装。

③ 单根管材长度长,可减少管材接头,加快安装速度,提高整条管线质量。

④ 管材内壁光滑,用较小口径的管材输送同等流量的流体,与同规格钢管相比流量可增大 10% 左右,且不结垢,长期使用不减小流速。

⑤ 采用耐腐蚀快速接头,接头采用了橡胶密封圈承插连接,安装方便,密封耐腐。

综上所述,陶土管、石棉水泥管的抗腐蚀性强,只适用于输送特殊的污水。而金属管由于其价格昂贵、不经济,因此只在特殊情况下用于排水管网。在旧的排水管网中,大都采用钢筋混凝土管,近年来,塑料管(尤其是增加抗外压能力的双壁波纹塑料管)以其重量轻,装运方便,优异的耐酸耐碱抗腐蚀性,流动阻力小等优点为许多排水工程所采用。但目前由于技术原因仅用于较小口径的排水管。虽然玻璃夹砂钢管也具有塑料管的优点,但价格无法与塑料管竞争。

6.4.2　排水管道的接口

排水管道的不透水性和耐久性,在很大程度上取决于敷设管道时接口的质量。根据接口的弹性,一般分为柔性、刚性和半柔半刚性三种接口形式。

柔性接口允许管道纵向轴线交错 3 ~ 5 mm 或交错一个较小角度而不引起渗漏。常用的柔性接口有沥青卷材和橡皮圈接口,柔性接口施工复杂,造价较高,只在地质条件不好的地区使用。

刚性接口不允许管道有轴向的交错,但比柔性接口施工简单,造价较低,因此使用广泛。常用的刚性接口有水泥砂浆抹带接口和钢丝网水泥砂浆抹带接口。

半柔半刚性接口介于上述两种接口形式之间,使用条件与柔性接口类似,常用的是预制套环石棉水泥接口。

几种常用的接口方法如下:

(1)水泥砂浆抹带接口

水泥砂浆抹带接口的形式有企口、平口、承插口,如图 6.1 所示。

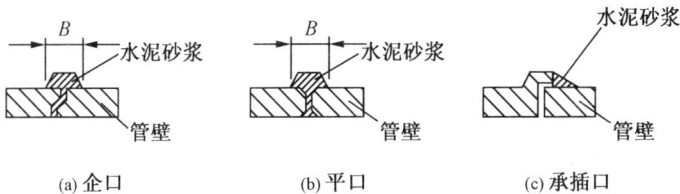

(a) 企口　　　　　　(b) 平口　　　　　　(c) 承插口

图 6.1　水泥砂浆抹带接口

在管接口处用 1 : (2.5 ~ 3)水泥砂浆抹成半椭圆形或其他形状的砂浆带,带宽 $B = 120$ ~ 150 mm。

(2)钢丝网水泥砂浆抹带接口

在接口抹带范围的管外壁凿毛抹一层厚 15 mm 的 1 : 2.5 水泥砂浆,中间一层采用 20#10 × 10 的钢丝网,两端插入基础混凝土中,上面再抹一层厚 10 mm 的砂浆,适用于有带形基础的雨污管道,如图 6.2 所示。

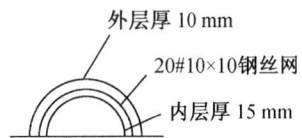

外层厚 10 mm
20#10×10钢丝网
内层厚 15 mm

图 6.2　钢丝网水泥砂浆抹带接口

(3)石棉沥青卷材接口

沥青玛蹄重量配比为沥青:石棉:细砂 = 7.5 : 1 : 1.5。

首先将接口处管壁刷净烤干,涂上一层冷底子油,再刷厚 3 ~ 5 mm 的

沥青玛蹄,然后包上石棉沥青卷材,最后再涂 3 mm 厚的沥青玛蹄脂,这称为
"三层做法"。若再加石棉沥青卷材和沥青玛蹄脂各一层,则称为"五层做
法"。石棉沥青卷材接口如图 6.3 所示。

（4）橡胶圈接口

橡胶圈接口结构简单,施工方便,适用于土质较差、地基沉降不均匀的
地区或地震地区,如图 6.4 所示。

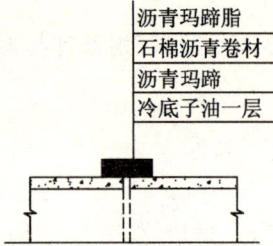

图6.3　石棉沥青卷材接口　　　　图6.4　橡胶圈接口

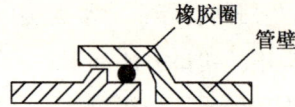

（5）预制套环石棉水泥接口

石棉水泥重量配比为水∶石棉∶水泥 = 1∶3∶7,它适用于地基不均匀沉
降且位于地下水位以下,内压水头低于 10 m 的管道上。

6.4.3　排水管道的基础

排水管道的基础一般由地基、基础和管座组
成,如图 6.5 所示。地基是指槽底的土壤部分,垫
层在有地下水等情况时铺设卵石或碎石。

目前常见的管道基础有如下几种:

（1）砂土基础

砂土基础包括弧形素土基础和砂垫层基础,
如图 6.6 所示。

图6.5　排水管道的基础

弧形素土基础是在原土上挖一弧形素土基础管
槽,管子落在弧形管槽里,这种基础适用于不在车行道下的管径小于 600 mm
的次要管道及临时性管道。

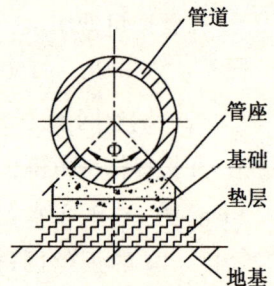

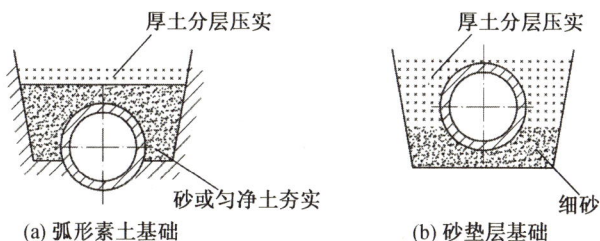

图6.6　砂土基础

砂垫层基础是在挖好的弧形管槽上,用带棱角的粗砂填厚 10 ～ 15 cm
的砂垫层,适用于无地下水、岩石,管顶覆土
0.7 ～ 2.0 m 的排水管道。

（2）混凝土枕基

混凝土枕基是只在管道接口处设置的
局部基础,如图 6.7 所示。

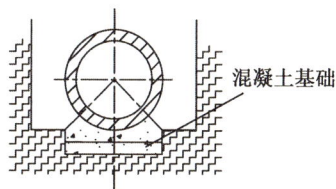

图6.7　混凝土枕基

（3）混凝土带形基础

混凝土带形基础是沿管道全长铺设的基础,按管座形式的不同分为
90°,135°,180°三种管座基础,如图 6.8 所示。这种基础适用于各种潮湿土
壤,以及地基不均匀的排水管道。当管径为 200 ～ 2 000 mm,无地下水时,
在槽底老土上直接浇筑混凝土基础。有地下水时常在槽底铺厚 10 ～ 15 cm
的卵石或碎石垫层,再在上面浇筑混凝土基础。当管顶覆土厚度在 0.7 ～
2.5 m 时采用 90°管座基础;管顶覆土在 2.6 ～ 4 m 时采用 135°管座基础;覆
土厚度在 4.1 ～ 6 m 时采用 180°管座基础。

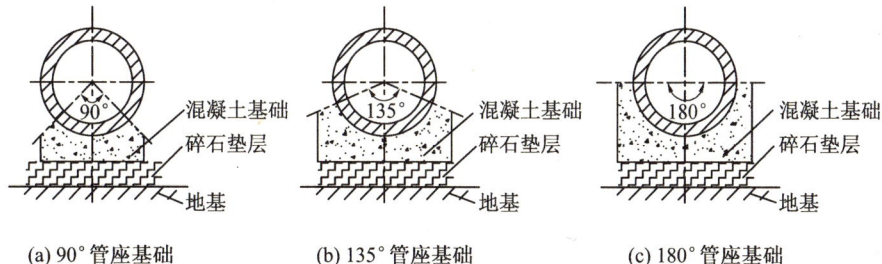

图6.8　混凝土带形基础

对地基松软或在不均匀沉降地段,为增强管道强度,许多城市的经验是
对管道基础或地基采取加强措施并且管道接口采用柔性接口。

附录：名词解释

名　词	释　义
水　　体	液态水的集合体,如河流、湖泊、海洋等。
排水管网	又称排水管道系统,是收集和输送雨污废水的设施。它包括排水管渠及其附属设施、排水泵站等。在本书中,包括居住小区、厂区等的排水管渠及其附属设施、提升泵站等。
主　　管	沿道路纵向敷设,接纳道路两侧支管及输送上游路段来水的排水管道。
支　　管	连管和接户管的总称。
连　　管	连接雨水口与主管的管道。
合　流　管	用同一段排水管道收集、输送污水和雨水的排水管渠。
截　污　管	在合流制排水系统中,虽然采用了分流制排水体制,但由于错接乱排而造成雨污混流的情况下,为了杜绝污水直接排入河道、湖泊等自然水体,在合流或混流污水进入水体之前铺设的收集管渠。
检　查　井	排水管中连接上下游管道并供养护人员检查、维护或进入管内的构筑物。
雨　水　口	用于收集地面雨水的构筑物。
雨　水　箅	安装在雨水口上部用于拦截杂物的格栅。
沉　泥　槽	雨水口或检查井底部加深的部分,用于沉积管道中的泥沙。
流　　槽	为保持流态稳定,避免水流因断面变化产生涡流现象而在检查井底部设置的弧形水槽。
爬　　梯	固定在检查井壁上供维护人员上下的装置。
溢　流　井	合流制排水系统中,用来控制雨水溢流的构筑物;当雨天水量超过设定的截流倍数时,超出的合流污水越过堰顶直接排入水体。

跌 水 井　设有消能设施的检查井。

水 封 井　当排水户排出的污、废水可能产生易燃、易爆等有害气体时,在排出口处安装的水封装置,可防止有害气体进入排水系统,或通过排水系统进入大气的特殊构筑物。

倒 虹 管　管道遇到河流等障碍物不能按原有高程敷设时,采用从障碍物下面绕过的倒虹形管道。

盖 板 沟　由砖石砌成或混凝土浇筑成并在顶部安装盖板的矩形排水沟,其顶部通常没有覆土或覆土较浅,可采用揭开盖板进行维护作业。

排 放 口　将雨水或处理后的污水排放至水体的构筑物。

潮 　 门　为防止潮水倒灌而在排放口设置的单向阀门。

压 力 井　在压力管道上设置的装有密封盖板的检查井。井内的管道上装有压力盖板,盖板与底座之间用橡胶密封条和螺栓连接。

护 岸 坡 脚　在护坡式堤岸下部,用于保持护坡稳定而设置的纵向钢筋混凝土梁。坡脚底部通常需要打入短桩。

大型排污企业　每年排水量大于 $3 \times 10^4 \ m^3$ 的排污企业。

平 均 养 护 率　通常指一年内对某一排水设施的平均养护次数,也称年平均养护率。

$$y = (w/s) \times 100\%$$

式中: y——平均养护率,%;

w——全年完成养护工程量,米、座次等;

s——设施量,米、座次等。

管 道 养 护 率　最具代表性的养护率,其次还有雨水口、检查井、排放口等养护率。养护率可以作为一项考核指标,也可以用来匡算年度养护经费、人员配置等。

平 均 疏 通 率　特指排水管道的平均养护率。如某区全年疏通长度达 400 km,而该区的管道长度为 200 km,则该区的平均疏通率为 200% 。

泵 　 房　设置水泵机组、电气设备和管道、闸阀等设备的建筑物。

泵　　　　站　泵房及其配套设施的总称。

排 水 泵 站　污水泵站、雨水泵站和合流污水泵站统称排水泵站。

格　　　　栅　一种栅条形的隔污设施,用以拦截水中较大尺寸的漂浮物
　　　　　　　或其他杂物。

格 栅 除 污 机　用机械的方法,将格栅截留的栅渣清捞出水面的设备。

拍　　　　门　在排水管渠出水口或通向水体的水泵出水口上设置的单向
　　　　　　　启闭阀,防止水流倒灌。

参 考 文 献

[1] 车伍,李俊奇,陈和平,等.城市规划建设中排水体制的战略思考[J].昆明理工大学学报,2005,30(3A):72−76.

[2] 欧阳建新.排水体制的起源与发展[J].城市规划,1997,(6):52−54.

[3] Lee J H,Bang K W. Characterization of Urban Stormwater Runoff[J]. Water Res,2000,34(6):1773−1780.

[4] 王淑梅,王宝贞,曹向东,等.对我国城市排水体制的探讨[J].中国给水排水,2007,23(12):16−21.

[5] Vieux B E,Vieux J E. Statistical Evaluation of a Radar Rainfall System for Sewer System Management[J]. Atmospheric Research,2005,77:322−336.

[6] U. S. A. EPA Office of Water. Combined Sewer Overflows-Guidance For Long-Term Control Plan[R]. EPA832-B-95-002,1995.

[7] U. S. A. EPA Office of Water. Combined Sewer Overflows-Guidance For Nine Minimum Controls[R]. EPA832-B-95-003,1995.

[8] U. S. A. EPA Office of Water. Report to Congress-Implemention and Enforcement of the Combined Sewer Overflow Control Policy[R]. EPA833-R-01-003,2001.

[9] 洪嘉年.对城市排水工程中排水制度的思考[J].给水排水,1999,25(12):51−52.

[10] 王紫雯,张向荣.新型雨水排放系统——健全城市水文生态系统的新领域[J].给水排水,2003,22(5):17−20.

[11] 唐建国,曹飞,全洪福,等.德国排水管道状况介绍[J].给水排水,2003,29(5):4−9.

[12] Jago R. Overflow Management for CSO Control[C]// Proceedings of 3rd South Pacific Stormwater Conference,2003.

[13] 周玉文.城市排水管网事业面临的新挑战[J].给水排水,2003,29(2):137.

[14] 奉桂红,刘世文,胡永龙. 深圳市实师排水系统分流体制的探讨[J]. 中国给水排水,2002,18(10):24－26.

[15] 车伍,刘红,汪慧贞,等. 北京市屋面雨水污染及利用研究[J]. 中国给水排水,2001,17(6):57－61.

[16] 程炯,林锡奎,吴志峰,等. 非点源污染模型研究进展[J]. 生态环境,2006,15(3):641－644.

[17] 郭利平,李德旺,韩小波. 城市非点源污染治理与资源化技术研究[J]. 环境科学与技术,2006,29(1):57－59.

[18] 周建忠,罗本福,蒋岭. 新型城市污水截流井介绍[J]. 西南给排水,2007,29(3):18－21.

[19] Hennef. Standards for the Dimensioning and Desin of Stormwater Structures in Combined Sewers [M]. Berlin: German Association for Water, Wastewater and Waste,1992.

[20] Hennef. Guidelines and Examples for the Design and the Technical Equipment of Central Stormwater Treatment Facilities [M]. Berlin: German Association for Water,Wastewater and Waste,2001.

[21] 张宏达,杨曦,何强. 德国的截流井及相关设计[J]. 中国给水排水,2005,21(6):104－106.

[22] 刘红光,石玮,徐伟. 浅谈雨水调蓄池的应用[J]. 黑龙江水利科技,2002(4):141－142.

[23] 施组辉,胡艳飞. 调蓄池在合流制污水系统中的应用[J]. 给水排水,2008,34(7):43－45.

[24] 徐贵泉,陈长太,张海燕. 苏州河初期雨水调蓄池控制溢流污染影响研究[J]. 水科学进展,2006,17(5):705－708.

[25] 王健,周玉文,刘嘉,等. 雨水调蓄池在国内外应用简况[J]. 北京水务,2010(3):6－9.

[26] 张勇,郑放. 城市雨污水泵站建设问题的探讨[J]. 基建优化,2001,22(3):44.

[27] 任春波,金辉. 探讨关于排水管网的改造方案[J]. 黑龙江科技信息,2009,7(16):223.

［28］李六生. 城镇排水管道的检查方法［J］. 科技信息,2009(22):261.

［29］韩冰,王效科,欧阳志云. 城市面源的特征分析［J］. 水资源保护,2005,
21(2):1 - 4.

［30］车伍,刘燕,李俊奇. 北京城区面源污染特征及其控制对策［J］. 北京建
筑工程学院学报,2002,18(4):4 - 9.

［31］王彦红,黄蕾. 浅谈城市雨水处理问题［J］. 建筑节能,2008,36(9):
59 - 60.

［32］阎波,付中美,谭文勇. 雨水花园与生态水池设计策略下城市住区水景
的思考［J］. 中国园林,2012,(3):121 - 124.

［33］洪泉,唐慧超. 从美国风景园林师协会获奖项目看雨水花园在多种场地
类型中的应用［J］. 风景园林,2012,(1):24 - 27.

［34］侯科龙,秦华,杨丽丽,等. 居住区雨水花园建造方法探析［J］. 安徽农
业科学,2011,(7):8 - 12.

［35］刘佳妮. 雨水花园的植物选择［J］. 北方园艺,2010,(17):108 - 110.

［36］蒙小英,张红卫,孟璠磊. 雨水基础设施的景观化与造景系统［J］. 中国
园林,2009,(11):35 - 37.

［37］向璐璐,李俊奇,邝诺,等. 雨水花园设计方法探析［J］. 给水排水,
2008,(6):106 - 110.

［38］吴作成. 高密度沉淀池技术浅析［C］. 2006 全国水处理技术研讨会论
文集,2006:618 - 621.

［39］舒玉芬,胡永龙. 保定市地表水厂污泥处理设计特色［J］. 给水排水,
2004,30(4):5 - 6.

［40］龚卫俊,郑燕,吴志超. ACTIFLO 高效沉淀工艺用于污水处理［J］. 中
国给水排水,2005,21(10):104 - 106.

［41］井出哲夫,张自杰,刘馨远,等. 水处理工程理论与应用［M］. 北京:中国
建筑工业出版社,1986.

［42］蒋玖璐,李东升,陈树勤. 高密度澄清池的设计［J］. 给水排水,2002,
28(9):27 - 29.

［43］陆晓如,周雅珍,黄竹君. 高效澄清池在黄浦江原水中的应用试验［J］.
净水技术,2002,21(2):14 - 16.

[44] 吴建磊. 污水处理新工艺 – DENSADEG + BIOFOR[J]. 中国给水排水, 2003,19(1):103 – 104.

[45] Hanner N, Mattsson A, Gruvberger C, et al. Reducing the total discharge from a large WWTP by separate treatment of primary effluent over flow[J]. Water Science and Technology, 2004,50(7):157 – 162.

[46] Desjardinsa, Koudjonoub, Desjard. Laboratory study of ballasted flocculation[J]. Water Research, 2002,36(4):744 – 754.